entre

# BORNES ET ARAVIS

## L'AUTEUR

**Pierre Millon** vit près de Sallanches, où il exerça pendant plus de trente années une profession d'enseignant. Accompagnateur en montagne dans le cadre de cette fonction, il exprima sa passion pour la montagne dans la rédaction et l'illustration de magnifiques ouvrages chez Glénat, où il fut le premier à utiliser le concept de « randonnées du vertige ». Son goût pour l'écriture s'exprime également dans des descriptions plus contemplatives, notamment celle de la montagne hivernale.

Photos de couverture : en montant vers les Plachaux (col des Aravis).

Toutes les images sont de l'auteur

Conception maquette, prépresse et fabrication : Glénat Production (Grenoble)



Éditions Glénat
Couvent Sainte-Cécile – 37, rue Servan – 38000 Grenoble

ISBN : 978-2-344-01141-6
Dépôt légal : novembre 2015

entre

# BORNES ET ARAVIS

## La Clusaz, Le Grand-Bornand, Thorens-Glières

PIERRE MILLON

AQUARELLES DE FLORENCE LELONG

Glénat

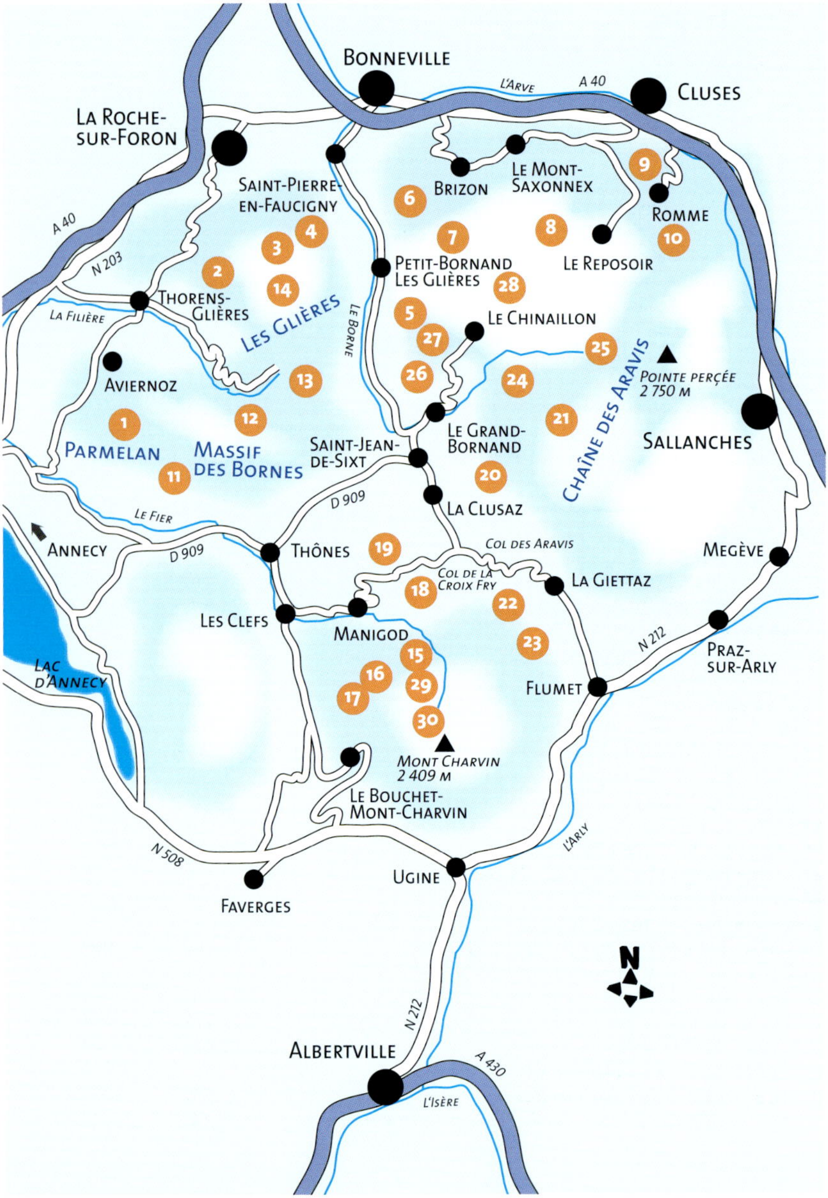
Bonneville
L'Arve
A 40
Cluses
La Roche-sur-Foron
Saint-Pierre-en-Faucigny
Brizon
Le Mont-Saxonnex
Romme
Le Reposoir
A 40
N 203
Petit-Bornand Les Glières
Thorens-Glières
La Filière
Les Glières
Le Borne
Le Chinaillon
Pointe percée 2 750 m
Aviernoz
Chaîne des Aravis
Sallanches
Le Grand-Bornand
Saint-Jean-de-Sixt
Parmelan
Massif des Bornes
La Clusaz
D 909
Le Fier
Annecy
D 909
Thônes
Col des Aravis
Megève
Col de la Croix Fry
La Giettaz
Les Clefs
Manigod
N 212
Praz-sur-Arly
Lac d'Annecy
Flumet
Mont Charvin 2 409 m
Le Bouchet-Mont-Charvin
L'Arly
N 508
Ugine
Faverges
N
N 212
Albertville
A 430
L'Isère
1
2
3
4
5
6
7
8
9
10
11
12
13
14
15
16
17
18
19
20
21
22
23
24
25
26
27
28
29
30

# SOMMAIRE

## SOUS LE CHARME D'UN CHALET OU D'UN ORATOIRE

La chaîne des Aravis et les sommets satellites du massif des Bornes sont les premiers contreforts alpins qui captent le regard du voyageur. Certes, le mont Blanc détourne rapidement cette marque d'attention à son profit, mais la barrière des Aravis subsiste dans l'encadrement général. Le célèbre panorama glaciaire ne pourra désormais se contempler sans le truchement de cette avant-scène ! Malgré la proximité de la plaine, la barrière culmine déjà à 2 750 mètres, offrant un profil suffisamment accidenté pour signifier que nous avons définitivement quitté les plissements jurassiens. Le massif des Bornes naquit de la surrection du Mont-Blanc qui bouleversa l'originelle couche des sédiments marins. En vigie face au monarque des Alpes, quelques cimes se dressent, offrant aux futurs découvreurs de la haute montagne des balcons de choix pour étudier les premières voies d'ascension. La Tournette (2 351 m), le Bargy (2 301 m) ou le Jallouvre (2 408 m) en constituent quelques exemples. Au cœur du dispositif, quelques plateaux s'insèrent pour tolérer un instant encore un ultime répit avant l'installation définitive de la verticalité, ainsi aux Glières ou dans les calottes du Parmelan et de Sous-Dine. Trois cours d'eau naissent dans les Aravis : le Borne, rejoignant l'Arve par le défilé des Étroits, le Nom, issu du col des Aravis, et le Fier, depuis les flancs du mont Charvin. Ces deux derniers se rencontrent pour atteindre ensuite le Rhône. On raconte que Gargantua, célèbre trekkeur rabelaisien, trébucha contre le faîte des Aravis en abordant les Alpes. L'échancrure de la Porte des Aravis, réplique locale de la Brèche de Roland, porte la cicatrice de son passage courroucé tandis que l'élément manquant de la muraille se retrouve à présent dans le massif voisin du Beaufortain. C'est l'emblématique Pierra Menta... La dénomination des Aravis apparut dans les écrits à partir de 1315, selon A. Gros dans son *Dictionnaire étymologique des noms de lieux de la Savoie*. René Siffointe, dans la revue *Nature et patrimoine en Pays de Savoie*, confirme l'explication apportée par Jacques Lacroix dans *La Gaule des activités économiques* selon laquelle le mot serait inspiré de *aravo*, qui désigne le « pin arolle » en gaulois. Il semblerait que les défrichages médiévaux aient maintenu de rares exemplaires de cette espèce sur quelques crêtes oubliées, donnant naissance à un certain mont des Aravis.

L'histoire de la région naquit bien de l'herbe et de la forêt. Les moines furent à l'origine des premiers déboisements, en particulier au pied du versant nord de la pointe Percée, dans la future vallée du Reposoir. L'herbe prit le dessus et rassembla les premières communautés d'hommes. Les villages se développèrent autour de la réalité pastorale, La Clusaz et Le Grand Bornand en particulier. En aval, des petites villes devinrent des

lieux de rassemblement pour les foires et toutes formes d'échange. Thônes et La Roche en sont les illustrations parfaites. L'histoire du reblochon, fromage né de la fraude (résultat d'une seconde traite), inaugure celle de la vallée. L'avènement des sports de glisse la clôture. Le village de La Clusaz était pauvre jusqu'à l'aube du XXe siècle. L'acquisition de la vallée du Grand-Bornand par le comte de Savoie, Amédée VIII, au XVe siècle, avait mis fin à plusieurs siècles de querelles interminables entre comtes de Genève et moines du Reposoir. C'est avec l'arrivée des premiers touristes et skieurs qu'apparurent trois hôtels à La Clusaz, en 1920. Le ski se pratiqua surtout à partir de 1935. Un télé-traîneau fut installé sur le massif de l'Aiguille, relayé en 1955 par la construction du téléphérique de Beauregard. En 1960, Guy Périllat et Yves Pollet-Villard firent connaître la station au monde entier. Les Jeux olympiques de Grenoble (1968) consacreront sa réputation, comme un peu plus tard en 1992, à Albertville, avec Edgar Grospiron. À celui-ci succéderont Vincent Vittoz, Candide Thovex et d'autres. On pourrait citer aussi Régine Cavagnoud, décédée accidentellement lors d'un entraînement en 2001...
L'histoire de la randonnée à raquettes remonte aux années 1980, lancée par quelques accompagnateurs en montagne comme Jean-Marc Lamory en Chablais et Robert Muffat-Joly dans le proche val d'Arly. La pratique de ce nouveau mode de randonnée hivernale s'installe définitivement dans les massifs haut-savoyards à partir de 1989, coïncidant avec la création de l'École française de la raquette à neige. La position des deux massifs – en saillie par rapport aux montagnes cristallines du Mont-Blanc –, favorise l'apport des précipitations océaniques et donc un enneigement généreux. Le relief, s'il est bien le domaine de la pente et de la verticalité, tolère encore des zones quasi horizontales et d'autres peu inclinées, tout à fait propices à la pratique de la raquette à neige.
Le patrimoine des vallées se dote d'une architecture bien spécifique. Elle constitue assurément le plus gros atout paysager des balades. Point n'est besoin d'être connaisseur pour découvrir l'originalité du vieux village du Chinaillon ou le charme d'un chalet oublié au fond d'une combe. Les habitations des Aravis, issues des contraintes hivernales et de l'activité pastorale, concentrent l'attention de tous les passionnés d'architecture. Parmi ces derniers, l'association du Patrimoine bornandin a restauré une vieille ferme datant de 1830 et lance de multiples animations autour de la découverte du patrimoine local : fermes, chalets, greniers, chapelles et oratoires, traditions... De multiples hameaux recèlent encore quelques trésors d'authenticité montagnarde que la plupart des stations alpines semblent avoir bien oubliés.

## QUELQUES CONSEILS

### DÉNIVELÉ

Il indique la différence d'altitude entre le point le plus élevé et le point le plus bas. L'éventuelle mention de « environ » induit une idée d'approximation, par exemple dans le cas d'un parcours en dents de scie (il s'agit alors du dénivelé cumulé).

### HORAIRE

Il est calculé sur la base de 250 m/h à la montée et de 450 m/h à la descente (en l'absence de difficultés inhérentes à la qualité du manteau neigeux). Pour les parcours horizontaux, il est établi à raison de 3 km/h. C'est la performance d'un marcheur moyen, confronté à un enneigement vierge de toute trace, sans les arrêts. Cette vitesse de progression sera nettement supérieure sur un sol damé. Sur la base d'un horaire fixé au plus large, le marcheur dispose ainsi d'une grande marge de sécurité. Ces paramètres (250 m/h, 450 m/h, 3 km/h) valent pour toutes les balades, même pour les plus exigeantes pratiquées par des marcheurs entraînés.

### NIVEAU

Il concerne ici les marcheurs moyens. Les balades s'adressent au grand public, sauf rares exceptions (Balafrasse, Oulettaz). Les circuits proposés par les offices de tourisme – en particulier ceux de la carte des 29 itinéraires raquettes piétons – sont délibérément écartés de la sélection, sinon empruntés très partiellement. D'une durée moins conséquente, signalés sur le terrain par un balisage efficace et souvent moins exigeants, ils n'imposaient pas de description complémentaire. Nous avons préféré promouvoir des circuits plus originaux, plus inventifs, dépourvus de balisage officiel (excepté celui de l'été), en privilégiant l'ascension d'une combe, d'un col ou même d'un sommet. Cela suppose déjà un minimum de pratique et de connaissance du milieu montagnard. En revanche, nous avons délibérément écarté certains circuits relevant de la haute montagne ou du ski de randonnée (combe de Tardevant, pointe de la Mandallaz, pointe d'Areu). Le niveau de difficulté est chiffré de 1 à 3, par ordre croissant, mais à mi-parcours il sera souvent possible de s'arrêter sans pour autant perdre la récompense du panorama. Chacun pourra ainsi doser selon son niveau la randonnée choisie comme par exemple dans l'ascension du col de l'Oulettaz, qui peut cesser autour des chalets de Plattuy et de Barme.

### PÉRIODE

La randonnée est surtout conditionnée par l'état du manteau neigeux. Le début et la fin de l'hiver sont plutôt adaptés aux grandes randonnées

(Balafrasse, Encrenaz, Oulettaz). En janvier ou février, on gagne à programmer des circuits à basse altitude, en reportant vers une période plus favorable ceux qui exigent une neige bien stabilisée. Attention ! Il ne s'agit pas forcément des plus longs ou des plus difficiles ! Le chalet du Curé, par exemple, exige une absence totale de risque d'avalanche. Les conditions sont exprimées clairement dans chaque description, mais il faut relativiser ces informations : aucun hiver ne se ressemble ! En période d'affluence, la trace se transforme rapidement en chemin damé. Il est donc important de disposer d'un sac permettant la fixation rapide de la paire de raquettes. Dans tous les cas, éviter de considérer que la présence de quelques randonneurs (ou de traces) évacue automatiquement tout risque. Il n'est pas rare de constater que certains d'entre eux se lancent en montagne en ignorant totalement les dangers ! L'autre erreur consiste à s'engager sans s'interroger dans un itinéraire sous prétexte qu'on le connaît bien dans sa version estivale. Certaines traversées à flanc de montagne, très praticables en juillet ou en août, sont en réalité très dangereuses en hiver.
En janvier, un départ matinal est inutile. Le faible ensoleillement rend les conditions plus sévères. En revanche, éviter tout départ tardif (après 14 h) car la nuit tombe rapidement et compromet la sécurité. Le bon horaire se situe entre 10 h et 16 h, pour une randonnée d'une durée approximative de quatre heures. Pour des objectifs plus conséquents (Oulettaz, Encrenaz, Balafrasse), en mars en particulier, il est important de partir tôt, de manière à profiter au maximum de la dureté du manteau neigeux.

### BALISAGE

Il est loin d'être systématique et rarement spécifique dans la présente sélection. Tout au plus, pourra-t-on y déceler quelques écriteaux relevant des randonnées estivales. Encore faut-il s'en méfier car certains d'entre eux ne valent plus pour l'hiver (exemple : au départ de la montée du col de Spée, dans l'itinéraire de la grande boucle des Glières). On privilégiera plutôt l'examen de la carte IGN au 1/25 000 et... l'étude du terrain !

### FAUNE

Le respect de la faune sauvage est primordial. Si la raquette est synonyme de liberté, elle ne doit pas pour autant compromettre la survie des espèces fragilisées par la saison hivernale. Suivre les traces d'un animal, c'est le contraindre dans sa fuite à dépenser un surcroît d'énergie alors que ses réserves suffisent à peine à couvrir cette longue période de privation. Se déplacer librement dans tous les sens, c'est abolir son territoire et détruire aussi son habitat, caché sous le manteau neigeux. Une bosse insignifiante dans un champ de neige peut dissimuler le gîte d'un tétras-lyre. C'est la raison pour laquelle nous préférons les itinéraires classiques aux déplacements sauvages, qui ignorent la grande vulnérabilité des animaux en hiver.

## ÉQUIPEMENT

La gamme des modèles de raquettes s'étend maintenant à l'infini ! Les premiers utilisés en France datent de 1975 : raquettes « historiques » de Baldas ou de Folly's. Avant de se décider, il est préférable d'essayer en louant puis de consulter les revues spécialisées qui analysent ou détaillent dans des tableaux comparatifs les modèles le mieux adaptés à votre pratique. Ceux-ci diffèrent selon la taille, la fixation, le tamis, la présence d'une cale, la griffe et la semelle. On distingue deux catégories : initiation ou balade d'une part, moyenne et haute montagne d'autre part. Les randonnées décrites dans le présent ouvrage relèvent plutôt de la seconde catégorie. Il faut également tenir compte de son poids (junior, plus ou moins de 75 kg) et du type de chaussure utilisé : botte, typée randonnée ou coque plastique. En général, certaines raquettes sont bien adaptées à la glisse en descente (cadre tubulaire), d'autres sont plus efficaces en montée et en dévers (cadre monobloc).
Rappelons enfin l'utilité d'un bon sac à dos, suffisamment volumineux pour contenir en toutes circonstances des vêtements chauds, une seconde paire de gants, une couverture de survie, un coupe-vent, une réserve d'eau et quelques vivres de course. On doit y placer également les lunettes de soleil, les gants, l'écharpe et le bonnet, la crème solaire, des mouchoirs en papier, une petite pharmacie, la carte au 1/25 000, un altimètre, une boussole et un téléphone portable si vous envisagez une longue sortie.

## BIBLIOGRAPHIE

- *Raquette à neige en Haute-Savoie, les plus belles randonnées*, Jean-Marc Lamory, Éditions Glénat (2009)
- *Les plus belles randonnées à raquettes en Haute-Savoie* – Tomes 1 et 2, Jean-Marc Lamory, Éditions Glénat (2013)
- *Avalanches, connaître et comprendre pour limiter le risque*, François Sivardière, Éditions Glénat (2009)
- *Petit manuel de météo montagne*, Jean-Jacques Thillet et Dominique Schueller, Éditions Glénat (2009)
- *S'orienter, des techniques traditionnelles aux nouvelles technologies*, Jean-Marc Lamory, Éditions Glénat (2015)
- *Traces et indices des animaux en montagne*, Catherine Balais, Éditions Glénat (2013)

Les randonnées proposées dans cet ouvrage ont été plusieurs fois parcourues par l'auteur, mais depuis son dernier passage, la nature peut avoir subi des transformations, des équipements risquent d'avoir été modifiés, la législation est susceptible d'avoir évolué, de nouveaux balisages ou panneaux ont pu être mis en place. Tenez-en compte et respectez scrupuleusement les dispositions en vigueur.
Le randonneur est seul maître de sa destinée et des choix qu'il opère par rapport à ses capacités et aux risques inhérents aux conditions particulières du terrain. L'éditeur et l'auteur déclinent toute responsabilité en cas de modification des informations de ce guide et d'aléas dus à des conditions naturelles imprévisibles, d'accidents ou d'incidents survenant sur les itinéraires, enfin d'infraction commise, notamment en ce qui concerne le non-respect de la propriété privée.

L'auteur et l'éditeur prient le lecteur d'associer à chaque citation des signes GR, GR de pays et PR la mention « marques enregistrées appartenant à la Fédération française de la randonnée pédestre (FFRP) – Comité national des sentiers de grande randonnée ».

## TOP 10

**Les dix balades préférées de l'auteur**

01 Le col de Balafrasse (n° 28)
02 Le Roc des Tours (n° 27)
03 Le chalet de la Cha et le col d'Encrenaz (n° 8)
04 Le Haut-de-Marlens et la combe des Fours (n° 30)
05 La tête du Parmelan (n° 1)
06 Le chalet du Curé (n° 23)
07 Le col de Cenise et le Rocher de Leschaux (n° 7)
08 La tête de la Sallaz et les chalets de Vormy (n° 10)
09 La grande boucle des Glières (n° 14)
10 La pointe de Sur-Cou depuis Beffay (n° 4)

# COMMENT UTILISER CE GUIDE

**Niveau**
requis pour la balade

**Informations sur le dénivelé et la durée**
de la balade

**Numéro et nom**
de l'itinéraire

**Description précise**
de l'itinéraire

**Informations techniques**
(point de départ, accès, altitude maxi…)

**Patrimoine, culture, sécurité…**
toutes les informations complémentaire qui permettent d'en savoir plus sur l'environnement de la randonnée.

❄❄❄ **Dénivelé : 842 m (735 et 107 m) | Horaire : 5 h 30 (montée 3 h, retour par Vormy 2 h 30)**

## 10. LA TÊTE DE LA SALLAZ ET LES CHALETS DE VORMY

**La tête de la Sallaz est un magnifique belvédère. Les chalets de Vormy, blottis dans un repli de la vaste montagne d'Areu, ont su conserver le cachet des villages d'alpage d'autrefois.**

Emprunter un instant la départementale puis s'engager dans le chemin, sous un transformateur. Après un lacet, traverser le bas de la piste de ski en direction d'un bouquet d'épicéas afin de rejoindre la route forestière. Cette dernière décrit de larges lacets et aboutit au chalet des Vuardes (1 670 m) ❶. Rester sur la trace du chemin. Remonter une petite combe puis sortir de la forêt par une longue traversée à flanc de montagne. Atteindre un replat (1 900 m) ❷, sous la tête de la Sallaz. S'élever sur la gauche, dans une pente parfois verglacée, puis rejoindre le point culminant (2 026 m) ❸. Poursuivre (sud-ouest) par la crête, franchir une faible dépression et surmonter un autre dôme (2 013 m) ❹. Descendre dans la seconde dépression, puis virer à gauche dans un vallon qui descend vers la cuvette de Vormy. Pour éviter d'avoir à remonter, traverser horizontalement en direction des chalets (dévers parfois désagréables). Aux chalets (1 893 m), utiliser le chemin qui remonte sous la tête de la Sallaz. Après avoir dépassé les rochers, ne pas hésiter à s'élever afin d'aboutir à proximité du dôme de la Sallaz (2 000 m) ❺ et éviter ainsi une traversée dangereuse dans les pentes qui dominent la vallée de l'Arve. Retrouver la trace de montée. Aux chalets des Vuardes, il est possible de descendre directement vers l'arrivée du téléski en utilisant la trace utilisée par les skieurs randonneurs. En cas d'affluence, il est préférable de revenir par la piste forestière.

*Vormy.*

**Départ :** parking à la sortie de Romme (1 291 m)
**Accès :** à Cluses, suivre la direction de Scionzier, puis tourner à gauche après le pont sur l'autoroute, en direction de Nancy-sur-Cluses. Dépasser ce village et poursuivre jusqu'au plateau de Romme, à 10 km de Cluses. Poursuivre en direction du Reposoir et stationner après le virage du restaurant Au Bon Accueil.
**Période(s) :** décembre à fin-mars. Vormy : à éviter par risque fort d'avalanches (niveau 4)
**Point culminant :** 2 026 m
**Balisage :** celui de l'été
**Carte :** IGN 3430 ET

**HISTOIRE**
La cuvette de Vormy formait le troisième palier de la montée des troupeaux, celui du plein été, après l'alpage de Romme, baptisé ainsi par les chartreux en mémoire de saint Romain. Ce phénomène de progression au rythme de la maturation des herbages se nommait jadis « les remues ». Il conditionna longtemps la vie des Nancherots, les habitants de Nancy. Il est fort bien décrit dans un document de Gilbert Maistre. Le village s'étendit là où il est actuellement, en dépit d'un maigre ensoleillement, en raison des nombreuses sources. Les terres les mieux exposées étaient réservées à l'agriculture et aux alpages. Ces derniers furent cédés par les moines du Reposoir en 1417 mais les conflits persistèrent jusqu'à la Révolution. En 1793, un autodafé anéantit les titres et les archives de la chartreuse. Le village de Romme se situait jadis à un kilomètre en aval de son emplacement actuel, là où l'eau était présente.

36

AUTOUR DE CLUSES-LE REPOSOIR | **LA TÊTE DE LA SALLAZ ET LES CHALETS DE VORMY**

*De gauche à droite : les pointes d'Areu et des Arbennes. Surgissant à droite, la pointe Percée.*

37

**Jalons**
qui figurent également dans le texte et qui permettent de se repérer facilement

**Variante**
(pointillés rouges)

**L'itinéraire**
(tracé avec des pointillés orange pour les itinéraires cachés)

# BALADES À RAQUETTES ET AVALANCHES ?

Évoquer les avalanches dans la pratique de balades à raquettes pourrait vous faire sourire ou vous laisser dubitatif. Peut-être pensez-vous : *« les avalanches ne concernent que les skieurs qui vont dans les pentes raides... bien loin des terrains que je parcours habituellement en hiver. Je ne prends vraiment pas de risques. »*.

Pourtant, si les accidents d'avalanche en randonnée à raquettes, notamment mortels, demeurent peu fréquents, ils ne sont pas si rares. Et ils ne concernent pas que des randonneurs aguerris qui s'exposent dans des pentes de skieurs. **En France, on recense en moyenne deux décès par an dans cette pratique.** Les circonstances dans lesquelles ces accidents ont lieu sont souvent les mêmes et les randonneurs sont « surpris » par l'avalanche, n'ayant pas conscience d'être exposé à ce risque : balades en terrain plat ou peu pentu, sur chemin large, en forêt, etc. Mais à chaque fois, les itinéraires traversaient ou étaient dominés par des pentes suffisamment raides, parfois courtes, parfois éloignées.

En réalité, même lors d'une randonnée de type « nordique » au cours de laquelle vous n'évoluerez pas directement dans des pentes raides, le risque d'avalanche pourra être présent si l'environnement est « alpin ».

Les témoignages montrent que deux types d'avalanche principalement atteignent les randonneurs à raquettes :

- les avalanches qui partent, naturellement, à l'amont des victimes et les atteignent à plus ou moins grande distance sur le bas de la pente,
- les avalanches déclenchées à distance par les victimes elles-mêmes, alors qu'elles évoluent en pied de pente.

## À QUELS MOMENTS DEVEZ-VOUS ÊTRE VIGILANT ?

Au cours d'un hiver, les périodes de stabilité et les périodes avalancheuses durent et se succèdent en fonction des conditions météorologiques. Selon le temps qu'il fait et qu'il a fait, vous pourrez parfois randonner sereinement ou vous devrez être vigilant, voire renoncer à certaines balades pour en préférer d'autres dans des terrains exempts de pentes.

Généralement, le risque d'avalanche s'aggrave sous les conditions météo suivantes :

- une pluie conséquente,
- une forte hausse des températures au-dessus de 0 °C (redoux, vent chaud),
- un fort rayonnement solaire sur les pentes dominant l'itinéraire.

Dans ces trois circonstances, l'eau liquide issue de la pluie ou de la fonte imbibe la neige qui perd sa cohésion. Des avalanches peuvent alors se

produire naturellement dans des pentes plus ou moins raides et atteindre des zones planes, traverser des chemins, etc. Ces écoulements sont assez denses et lourds. Même une petite coulée, pas très large, peut vous atteindre si vous vous trouvez dans l'axe de sa course (dans la pente ou en en pied de pente).
Dès que les températures passent à nouveau sous 0 °C et que l'eau contenue dans la neige regèle, le risque d'avalanche devient quasi nul et le risque auquel vous êtes exposé est celui de glisser sur la « croûte de regel » !

- De nouvelles chutes de neige,
- du vent transportant la neige déjà posée ou en train de tomber.

Dans ces deux conditions, deux types de danger peuvent se présenter.
Lorsque l'épisode de neige ou/et de vent est important, le cumul de neige déposée peut créer une surcharge et des conditions suffisantes sur le manteau neigeux pour provoquer sa rupture spontanée. De larges avalanches, sous forme de plaques, peuvent alors se produire naturellement dans les pentes raides. Très rapides, impliquant parfois le développement d'un nuage de neige (aérosol), elles peuvent atteindre des zones planes, parfois loin des pieds de pente.
Lorsque la neige nouvelle (nouvelle chute ou vieille neige transportée par le vent) se dépose sur une vieille couche « poudreuse », cet empilement constitue une structure de plaque : une couche plus dense recouvre une couche plus fragile. C'est ce qui arrive lorsqu'une nouvelle chute de neige survient après une longue période de beau temps au cœur de l'hiver. Si la structure est homogène sur de grandes surfaces (dans les pentes et sur les plats), il est possible de déclencher « à distance » des avalanches de plaque, même à partir de zones planes. Ce type d'avalanche « surprend » les randonneurs : la structure de plaque ne peut pas être décelée sans aller gratter dans le manteau neigeux et la plaque est déclenchée alors même que la victime n'est pas « dans » la pente mais sur une section moins pentue, parfois éloignée.

### « ENVIRONNEMENT ALPIN », « PENTES », « PENTES RAIDES » ?

Si les conditions météo citées précédemment doivent vous alerter sur la situation nivologique, elles n'empêchent pas forcément toute balade à raquettes. Les raquettes étant finalement assez peu adaptées aux pentes « raides », la pratique se cantonne le plus souvent aux espaces et chemins plats ou peu pentus.
Vous n'êtes réellement menacés par le danger d'avalanche que lorsque vous vous situez au pied d'une pente raide ou lorsque vous empruntez un

chemin qui traverse une telle pente. Bien entendu, si votre pratique vous amène à évoluer directement dans ces pentes raides, le risque de déclencher une avalanche est bien plus élevé.

**Mais que signifie pente « raide » avalancheuse ?**

Dans leur grande majorité, les avalanches se déclenchent à partir de zones inclinées à environ 30° (parfois moins pour des neiges très humides). Pour avoir un ordre d'idée, pensez qu'un mur de piste noire de ski alpin oscille souvent entre 25° et 30°. C'est « raide » !

L'inclinaison de la pente détermine sa capacité à engendrer une avalanche. C'est l'élément principal à prendre en compte avant de s'engager sous une telle pente, mais ça n'est pas le seul. La taille de la pente (longueur, largeur) va permettre d'estimer le volume possible de l'avalanche. Et vous devrez également être vigilant face aux « pièges de terrain » : arbres, rochers, barres rocheuses, ravines, ruisseaux, lacs, etc. présents dans l'axe d'écoulement de l'avalanche, à votre aval. Ces pièges de terrains sont autant d'obstacles qui pourraient aggraver les conséquences de l'avalanche.

## MIEUX VAUT PRÉVENIR

En terrain alpin, une balade en raquettes ne s'improvise plus. Outre les coups de téléphone pour savoir qui vous accompagnera, la consultation de votre site internet météo préféré et la constitution de votre fond de sac (carte IGN au 1/25 000 et pique-nique inclus), vous devrez ajouter quelques ingrédients à votre préparation. À minima, pensez à :

- lire et analyser le Bulletin d'estimation du risque d'avalanche édité chaque jour d'hiver par Météo-France. Les BERA livrent des informations essentielles sur le risque d'avalanche pour les différents massifs alpins et pyrénéens. Ces bulletins sont consultables sur Internet : www.meteofrance.com/previsions-meteo-montagne/bulletin-avalanches
- équiper chacun d'un Détecteur de victime d'avalanche (DVA), d'une pelle et d'une sonde. Ces équipements, qui permettent de chercher, localiser et dégager en autonomie et rapidement les victimes ensevelies, sauvent chaque année de nombreuses vies,
- pouvoir être facilement localisable par les secours : ne randonnez pas seul ; prévenez vos proches de votre itinéraire et de l'heure de retour prévue (laissez également ces indications derrière votre pare-brise) ; portez des réflecteurs Recco (ils permettent d'être localisé sous la neige par les secours organisés) ; emportez votre téléphone portable ; une lampe frontale ; un sifflet, etc.

Une fois sur le terrain, et lorsque vous êtes confronté à une pente raide, certaines règles de comportement permettent de limiter le risque :

- abordez ces pentes avec vigilance : la pente peut-elle partir en avalanche ? Quelle taille ferait-elle ? Jusqu'où pourrait-elle s'écouler ? Quels sont les pièges de terrain à l'aval ?
- espacez le groupe, voire ne passez qu'un par un : vous limiterez la surcharge sur le manteau neigeux et, en cas d'avalanche, les chances qu'une seule personne ne soit emportée plutôt que l'ensemble du groupe,
- ne vous arrêtez pas pendant les traversées ou au pied de ces pentes. Regroupez-vous dans des endroits sûrs (très loin et désaxé du bas de la pente, derrière un rognon rocheux, sur une croupe déneigée, sur une crête, etc.),
- renoncez lorsque les conditions vous paraissent incertaines (groupe, neige, pente) : d'autres itinéraires et d'autres jours sont possibles.

**… QUE GUÉRIR.**

En cas d'accident, tout va très vite et, si une personne est ensevelie, vous aurez peu de temps devant vous pour agir afin de la sauver. Au-delà de 15 minutes d'ensevelissement, ses chances de survie s'effondrent. Bien que les services de secours soient très performants, ils interviendront rarement dans ce premier quart d'heure.

Vos premiers gestes seront alors de :

- mettre en sécurité le groupe,
- alerter les services de secours en montagne (numéro d'urgence : 112),
- chercher tous les signes indiquant la position de la victime : indices visuels de surface (bonnet, gant, raquettes, etc. qui dépassent de la neige), cris et, bien entendu si vous êtes équipés, signaux DVA,
- dégager les voies respiratoires de la victime.

Une fois la victime dégagée, vous serez sans doute amené à lui prodiguer les premiers gestes de secours. Un avalanché doit être considéré comme polytraumatisé et hypotherme.

**FORMEZ-VOUS…**

À travers son réseau de guides et d'accompagnateurs, l'Association nationale pour l'étude de la neige et des avalanches dispense des formations de terrain (choix de la trace, nivologie, secours) et des conférences.

Pour en savoir plus : **www.anena.org**

ANENA – 15, rue Ernest-Calvat – 38000 Grenoble
Tél. : 04 76 51 39 39

# 01. LA TÊTE DU PARMELAN

**Le plateau et les parois du Parmelan clôturent à l'est l'horizon familier des Annéciens. Son terrain karstique n'interdit pas la pratique de la raquette, surtout si l'on se maintient sur le sentier d'été. Un vaste panorama récompense l'effort de la montée sous l'Anglettaz.**

Utiliser la route enneigée jusqu'après le prochain virage. Poursuivre sur 150 m et s'engager dans la trace du sentier d'été, à droite. Décrire un grand lacet vers la gorge du nant de l'Aup, sous le Rocher Blanc ❶. Retrouver un instant la route forestière, puis reprendre l'ascension dans une pente raide. Tangenter à nouveau cette piste et rejoindre par les pentes douces du vallon le chalet de l'Anglettaz (1 500 m) ❷. Longer le bâtiment et, par une traversée ascendante dans la colline qui le domine à l'ouest, atteindre le crêt des Outalays ❸, soit directement jusqu'au faîte, soit en surmontant son sommet (1 619 m). Descendre dans l'autre versant et dépasser vers gauche la bifurcation du sentier de Villaz (écriteau Petit Montoir, 1 584 m) ❹. En évitant de perdre la trace du sentier d'été dans le vaste plateau (direction sud), s'élever jusqu'au pied d'un massif rocheux ❺. Décrire un lacet dans son flanc-est (arrivée du sentier du Grand Montoir) puis, en reprenant à gauche la direction initiale, atteindre le dôme sommital, précédé du refuge C. Dunant ❻. Remarquer au passage l'ouverture large d'un puits, caractéristique des terrains karstiques. Le retour s'effectue par le même itinéraire.

*L'Anglettaz.*

**Départ :** le parking du réservoir (970 m)
**Accès :** se rendre à Aviernoz, entre Nâves-Parmelan et Thorens-Glières et s'engager sur la route forestière de l'Anglettaz jusqu'à la fin de la section déneigée, habituellement après le premier virage en forêt.
**Période(s) :** par bon enneigement et par très beau temps (éviter le brouillard)
**Point culminant :** 1 832 m
**Balisage :** celui de l'été, traits jaunes sur le plateau
**Carte :** IGN 3430 OT

## SÉCURITÉ

Le plateau du Parmelan, la montagne de Sous-Dine, le Rocher de Leschaux et le Roc des Tours déroulent sous les pas des raquettistes un immense tapis de lapiaz, sorte de gigantesque gruyère minéral, bouleversé, fracturé ou ciselé par l'effet de dissolution des eaux de fonte ou de ruissellement. En début de saison, il est rassurant de suivre la trace du sentier de l'été mais lorsque le manteau neigeux nivelle les failles et les arêtes, l'itinéraire peut présenter de nombreux pièges. Il est donc indispensable d'attendre le beau temps stable pour effectuer dans de bonnes conditions cette randonnée, de façon à progresser à vue et éviter tout labyrinthe dangereux. Après quelques journées ensoleillées, la trace des promeneurs se confirme et tout risque d'erreur disparaît pour les néophytes. Il reste que la randonnée exige du temps et une certaine endurance.

*La croix du Parmelan depuis le refuge Dunant.*

*La croix de Sous-Dine face à la trilogie du Jallouvre.*

*La combe de Balme.*

**Départ :** Les Cheneviers (1 090 m)
**Accès :** à Thorens-Glières (direction La Roche) ou à La Roche-sur-Foron (direction Orange), emprunter la D 2 jusqu'au col des Fleuries et suivre ensuite la direction de Mont-Piton. Poursuivre jusqu'aux Cheneviers (à 3,3 km du col).
**Période(s) :** janvier à mars
**Point culminant :** 2 004 m
**Balisage :** celui de l'été, traits jaunes ensuite
**Carte :** IGN 3430 OT

# 02. LA MONTAGNE DE SOUS-DINE

**La montagne de Sous-Dine forme un vaste plateau dégagé d'où la vue s'étend à toutes les Alpes du Nord. Au sommet, les randonneurs dominent de manière impressionnante la combe de Balme, face à la paroi verticale de Roche Parnal.**

L'itinéraire emprunte d'abord la piste forestière qui grimpe dans le prolongement de la route. Parvenir ainsi à la croisée d'une autre piste (1377 m) et poursuivre jusqu'à un passage taillé dans la falaise, judicieusement nommé Le Trou de la Pierre (1571 m) ❶. Quitter aussitôt après la direction de Champ Laitier pour s'élever à gauche, sur la trace du sentier d'été (panneau d'information sur la forêt de Haute-Filière). Celle-ci s'infléchit vers la droite, dans un étroit vallon, puis atteint une crête cotée 1761 ❷. À ce niveau, prendre la direction du nord (à gauche) et gravir un premier dôme (1 857 m) ❸. S'élever ensuite jusqu'à une seconde bosse (1905 m) ❹ puis gagner par un long replat le sommet formé de deux faibles élévations, l'une à gauche, couronnée d'une croix (2 001 m), et l'autre coiffée de quelques rochers offrant un coup d'œil impressionnant en direction de la combe de Balme, sous Roche Parnal (2 004 m) ❺. Attention au vide !
Le retour s'effectue par le même itinéraire.

## AMBIANCE

À l'exemple du Parmelan, la montagne de Sous-Dine impose en première partie un cheminement relativement monotone puisqu'il se déroule en forêt. Le franchissement du Trou de la Pierre, une sorte de boîte aux lettres, donne accès au domaine de la lumière et des grands espaces. Au-dessus, la forêt s'efface progressivement pour laisser la place à de grandes étendues karstiques où quelques pins à crochets subsistent encore. Ces derniers encadrent de manière pittoresque le mont Blanc ou les sommets d'un vaste horizon alpin, cimes du Chablais, de la Vanoise ou de Belledonne. Plus proche, la « trilogie » du Jallouvre compose un premier plan qui deviendra familier aux prochaines randonnées, ainsi que les ondulations des Glières. Si la montagne de Sous-Dine se gravit par un long plateau incliné, son relief, en direction du nord, s'interrompt sur un abîme impressionnant, face à Roche Parnal.

Sur-Cou à gauche au premier plan, le Môle derrière et Andey à droite.

**Départ :** Le Chesnet (1 170 m)
**Accès :** se rendre à Orange depuis Thorens-Glières (direction La Roche) ou depuis La Roche-sur-Foron (D 2). Tourner à droite dans le village et poursuivre jusqu'au terminus de la route.
**Période(s) :** mi-décembre à fin-mars
**Point culminant :** 1 809 m
**Balisage :** celui de l'été
**Carte :** IGN 3430 ET

# 03. LE CHALET DE BALME ET SUR-COU

**Le cône rapidement dégarni de la pointe de Sur-Cou s'impose comme une vigie au devant des premières parois des montagnes des Bornes. C'est un balcon de choix vers le Pays Rochois et le Genevois ou pour contempler l'élan de Roche Parnal.**

S'engager sur la piste qui prolonge la route. Après un tronçon horizontal, noter le départ d'une trace sur la gauche qui sera utilisée lors du retour ❶. Franchir le torrent de Flan et, après une courte descente, accomplir une large courbe sous les parois de Sous-Dine. La piste s'infléchit vers la gauche pour aboutir à la cuvette du chalet de Balme (1 495 m), dominée par la paroi de Roche Parnal ❷. Conserver la même direction et gagner l'ensellement du col de Cou en remontant une longue croupe. Parvenu au col (1 614 m) ❸, appuyer vers la gauche et utiliser l'arête sud-est du cône sommital. La pente est soutenue mais elle ne comporte aucune difficulté. Au sommet ❹, deviner à gauche le départ du sentier de l'été. En cas de risque fort d'avalanche, il serait préférable de revenir par le même itinéraire. Sinon, l'emprunter sur 250 m dans l'arête ouest jusqu'à un promontoire nommé Sous-la-Pointe (1 750 m) puis bifurquer à gauche. Entreprendre alors une longue traversée, parfois inconfortable à cause des dévers (en raison de l'exposition, le sentier d'été apparaît souvent déneigé). Retrouver ainsi le col de Cou ❸ et s'engager à droite dans une trouée forestière. La trace utilise un moment le creux du nant de Cou puis s'infléchit encore vers la droite ❺, offrant un bon coup d'œil en direction de la combe de Balme et du monolithe de Roche Parnal. Elle rejoint ensuite la rive droite du torrent de Flan et l'itinéraire de l'aller ❶.

## ÉTYMOLOGIE, AMBIANCE

Le terme de « cou » désigne un col. Localement, le sommet se nomme simplement « pointe de Cou » et l'on emploie donc une tautologie en disant « col de Cou » ! La pointe de Cou forme un cône parfait, visible de nombreux lieux de l'avant-pays savoyard. Nous avons choisi d'y accéder par deux chemins profondément différents. Celui de la combe de Balme présente en première partie un cheminement austère. L'ombre des parois de Sous-Dine et de Roche Parnal entretiennent le manteau neigeux et les dentelles de givre. La buvette de Balme, rendez-vous des fêtards en été, sommeille dans son silence hivernal mais, en bas, la combe rassemble encore ses amis, regroupés dans l'association Lou compagnons d'Balme. L'ascension de l'arête sud-est exige quelques pauses. Autant d'occasions pour se retourner vers la paroi mythique de Roche Parnal (1 896 m) où s'exprima dès 1942 un enfant du pays devenu guide, Fanfan Berthet.

# 04. LA POINTE DE SUR-COU DEPUIS BEFFAY

**Cette seconde manière de gravir la pointe de Cou permet de visiter la montagne de Bellajoux depuis la vallée du Borne. Parmi de pittoresques chalets d'alpage, transformés pour la plupart en résidences d'été, on découvrira un restaurant de montagne et un gîte.**

Utiliser la route enneigée pour atteindre le hameau des Sambuis ❶ et poursuivre sur 700 m environ. Avant d'atteindre le torrent des Sambuis, emprunter à droite le sentier ❷ qui aboutit aux chalets de la Combe, au cœur de la montagne de Bellajoux (1 346 m) ❸. Dépasser les constructions et rejoindre à gauche un bon chemin. Atteindre un second groupe de chalets, aux Mouilles (1 420 m, restaurant Le Pastoral, gîte Chez Marquisins) ❹. Poursuivre sur la trace du chemin et, après une croix de fer forgé, dessiner une courbe vers la gauche pour pénétrer dans le vallon qui mène au col de Freu. La trace coupe une pente qui peut devenir avalancheuse par risque moyen à fort (en cas de danger, utiliser la crête jusqu'au col de Cou). Grimper jusqu'au col de Petit-Cou en utilisant le creux du ruisseau, entre les épicéas à la fin (pente soutenue, 1 570 m) ❺. De là, gagner par la crête à droite le col de Cou (1 614 m) ❻. Utiliser l'arête sud-est pour gravir le cône sommital de la pointe de Sur-Cou ❼. Le retour s'effectue sur la trace du sentier de l'été, par l'arête ouest sur 250 m puis dans une longue traversée vers la gauche (dévers inconfortables mais sentier précocement déneigé). De retour au col de Cou ❻, descendre dans le vallon issu de ce col, versant Bellajoux, en se tenant plutôt en rive droite. Aux Mouilles ❹, emprunter le chemin qui part à droite, passe sous les chalets de Lachat et rejoint ceux des Noyers ❽. Rejoindre par la piste qui traverse le ravin des Sambuis le chemin de l'aller.

*Roche Parnal au loin.*

**Départ :** le parking de la fin du déneigement de la route (775 m)
**Accès :** à Saint-Pierre-en-Faucigny (entre La Roche-sur-Foron et Bonneville), se diriger vers le Grand-Bornand. Au bout de 5 km environ, tourner à droite en direction de Beffay. Franchir le pont sur le Borne et poursuivre sur 3 km, vers les hauteurs du hameau.
**Période(s) :** mi-décembre à mi-mars. À éviter par risque fort d'avalanches (niveau 4)
**Point culminant :** 1 809 m
**Balisage :** celui de l'été
**Carte :** IGN 3430 ET

## BONNES ADRESSES

Par sa dénivellation, la randonnée est exigeante. Néanmoins, nous avons conçu nos circuits de manière à adapter l'objectif de la randonnée à tous les niveaux et il est fort possible de s'arrêter vers la montagne de Bellajoux, bien ensoleillée. La dénivellation ne dépasse pas les 650 m, soit 2 h 30 d'ascension. De nombreux chalets pittoresques émaillent cette combe, souvent occupés en fin de semaine par des amoureux de la nature. Si vous appréciez les beignets de pommes de terre, arrêtez-vous au Pastoral (06 84 54 10 35) où Franck et Nicolas, les fils de Françoise Rachex, composent une carte alléchante. Françoise vit durant toute l'année à Bellajoux ! Si des sorties à la pleine lune y sont organisées, vous avez aussi la possibilité de profiter d'un hébergement au gîte d'alpage Chez Marquisins (06 85 82 37 40), de la famille Forestier.

*La montagne de Bellajoux face aux parois du Rocher de Leschaux.*

# 05. LA MONTAGNE DE PARADIS

**La route de Paradis mène à un alpage dominé par la muraille du Rocher de Salin. C'est un lieu sauvage, propice à la randonnée hivernale. La boucle de retour, facultative, est dépourvue de sentier balisé. C'est le domaine de l'aventure !**

La randonnée utilise d'abord la route pastorale non déneigée, interdite à la circulation. Au bout de 2 km et après une série de lacets, dépasser la bifurcation de Cenise ❶ et poursuivre encore sur 2 km pour atteindre Le Pteret (1350 m) ❷ où se situait l'auberge de Paradis. Suivre la trace d'un chemin vers l'ouest et, au chalet de Lachat, virer à gauche. Traverser ensuite vers la droite pour atteindre le chalet de La Pize ❸. Se maintenir sur la trace du chemin et s'élever dans la forêt jusqu'à une clairière où l'on abandonne la direction du lac de Lessy au profit d'une trouée, à droite. Atteindre peu après le chalet de Lainvouet ❹. Le dépasser en utilisant un long replat au centre duquel il faut bifurquer à gauche. Gagner le sommet d'une pente soutenue, sous l'extrémité du Rocher de Salin. Accéder ainsi au plateau supérieur (1670 m), parmi les bouquets d'épicéas. Le traverser en direction du nord-est ❺. Parvenu à l'entrée d'un cirque rocheux, retrouver la trace du sentier d'été que l'on croise puis amorcer la boucle de retour en longeant une vague crête, sorte de banquette posée en marge du cirque de Salin. Commencer à descendre à travers les épicéas, en utilisant au mieux la pente (court ressaut). Parvenir ainsi au sommet de l'ancien téléski, à la pointe de l'alpage de Paradis ❻. De là, rejoindre directement la trace de l'aller, légèrement en amont du chalet de Lachat.

*Le Pteret et le Rocher de Leschaux.*

**Départ :** le parking situé en amont de Puze (950 m)
**Accès :** au Petit-Bornand-les-Glières, à 7 km au sud de Saint-Pierre-en-Faucigny (direction du Grand-Bornand), tourner en direction de Puze-Paradis et stationner au bout de 2,3 km, au-delà du hameau de Puze.
**Période(s) :** mi-décembre à mi-mars
**Point culminant :** 1670 m
**Balisage :** celui de l'été et écriteau « Lac de Lessy »
**Carte :** IGN 3430 ET

## AMBIANCE

Le toponyme de Paradis, issu de « para », évoque la paroi du Rocher de Salin. Il peut aussi suggérer l'ambiance paradisiaque. Comme aux chalets de Bellajoux, le site attire les amoureux de solitude et de nature. Les chalets d'alpage sont presque tous reconvertis en demeures d'été et de repos. Cela contribue à maintenir autour de Paradis une sérénité qui vous gagne automatiquement, après le purgatoire de la route pastorale… À mi-parcours, le chalet du Pteret offre son havre de paix : un replat paradisiaque. Les raquettistes non-avertis gagneront à revenir sur leurs pas mais, s'il se présente une trace bien marquée, vous pouvez opérer comme dans la boucle décrite ici. Dans le grand champ de neige qui vous ramène à Lachat, vous ne manquerez pas d'admirer la hardiesse des falaises du Rocher de Leschaux ou l'élan de la pointe de Jallouvre !

*Le Jallouvre depuis la montagne de Paradis.*

De gauche à droite : le Bargy, la pointe du Midi, la pointe Blanche et le Jallouvre.

La pointe de Sur-Cou.

**Départ :** le virage des Granges-d'Amont (1 230 m) ou le plateau de Solaison (1 502 m)
**Accès :** se rendre à Brizon par la D 186 en passant par Thuet (sortie est de Bonneville : à droite, soit 10 km) et continuer dans le haut du village (direction Solaison), sur 3 km environ. Stationner en aval d'un virage bien marqué (Granges d'Amont) ou poursuivre jusqu'au plateau de Solaison (pneus neige ou chaînes nécessaires).
**Période(s) :** décembre à fin-mars
**Point culminant :** 1 877 m
**Balisage :** aucun (nombreuses traces)
**Carte :** IGN 3430 ET

# 06. LA POINTE D'ANDEY

**Une balade magnifique, et à la portée de tous ! L'arrivée au sommet s'effectue au c œur d'un panorama de grande envergure, des Dents du Midi au mont Blanc, du Bargy à Sous-Dine, avec la vallée de l'Arve en contrebas.**

Au virage situé sous les chalets des Granges d'Amont, se diriger vers le creux d'un ruisseau et dépasser successivement les chalets des Maisonnettes et ceux de La Pêche. S'élever ainsi jusqu'au plateau de Solaison, derrière un chalet isolé. Comme il est possible d'accéder en voiture à Solaison, la randonnée peut encore débuter au parking du domaine nordique, près du gîte de La Fruitière (1 502 m) ❶. Aborder au niveau des derniers chalets le vaste plan incliné qui s'achève au sommet de la pointe d'Andey, en évitant les pistes de fond, puis s'élever en direction du nord-ouest en ignorant à gauche le petit vallon qui mène au col d'Andey, une voie d'ascension plus difficile (lire ci-dessous). Appuyer plutôt à droite, le long d'une mince échine rocheuse séparant les pentes sud et est de la montagne. La surmonter un peu plus haut en bifurquant à droite et gagner le premier sommet, couronné d'une statue de la Vierge. Le point culminant se situe un peu plus à gauche (ouest) ❷. Attention au vide et aux éventuelles corniches ! Le retour s'effectue par le même itinéraire.

**Variante :** il est également possible de gravir la pointe d'Andey en empruntant le petit vallon qui mène au col d'Andey (1 750 m), non mentionné sur la carte. De là, grimper au sommet exige une absence totale de risques quant à la stabilité du manteau neigeux (absence de plaques à vent, entre autres). La pente doit être considérée comme dangereuse en raison de la proximité du vide. En revanche, par faible enneigement, par la trace du sentier d'été, cet itinéraire reste facile et constitue une belle variante.

## BONNES ADRESSES

Aux premières neiges, la pointe d'Andey devient le rendez-vous de tous les skieurs-randonneurs de la vallée. C'est dans ces pentes que s'effectuent les mises au point du nouveau matériel ou la première remise en forme. Le site bénéficie ainsi d'une grande convivialité et revêt presque en la circonstance un air de fête populaire ! Dans les semaines qui suivent, il devient le domaine des fondeurs. Le gîte de La Fruitière, à Solaison, naquit de cet engouement. On vous propose trois formules d'hébergement : pension complète, demi-pension ou nuitée en gestion libre uniquement pour la totalité du gîte, avec possibilité de location de matériel. L'établissement est ouvert toute l'année. Il faut pour cela réserver par téléphone (04 50 96 93 56). Les amoureux de gastronomie montagnarde ne seront pas déçus non plus : Le Chalet des Rocailles (04 50 96 90 99) et le restaurant Les Rhodos (04 50 96 91 80) rivalisent de cartes alléchantes.

Dénivelé : 474 m et 212 m, soit 686 m | Horaire : 5 h 30 à 6 h (variable ; montée 3 h, descente 2 h 30)

# 07. LE COL DE CENISE ET LE ROCHER DE LESCHAUX

**La randonnée s'effectue en deux temps : le col de Cenise, à mi-parcours, gratifie sans peine les amateurs de panorama. En revanche, la progression à travers les lapiaz du Rocher de Leschaux relève du parcours d'aventure…**

Du parking, poursuivre sur la chaussée enneigée en dépassant les maisons du hameau du Vuargne. Décrire ainsi le grand lacet de la route jusqu'après un chalet isolé. Au virage, traverser à flanc de montagne les grands champs de neige en longeant un moment la ligne téléphonique (ouest). Conserver cette direction et arriver ainsi sous la ferme des Frachets ①, où l'on rejoint la trace d'un chemin large. Poursuivre encore vers l'ouest pour atteindre le col de Cenise, précédé d'une butte couronnée d'une croix ②. La randonnée peut cesser à cet endroit, dans le vaste ensellement où l'on bénéficie d'un panorama étendu, entre Bargy et trilogie Jallouvre-pointe Blanche-pointe du Midi. Pour atteindre l'extrémité du plateau des Rochers de Leschaux, poursuivre dans la même direction. Au bout de 700 m environ, repérer – si l'épaisseur du manteau neigeux le permet – un écriteau marquant le début de la montée vers la crête du Rocher. À défaut d'indication, ignorer un premier vallon à droite (au niveau d'une doline), descendre légèrement et bifurquer en direction d'un vaste plan incliné où quelques marques de peinture orange localisent parfois le sentier d'été. Négocier au mieux creux et bosses dans les lapiaz afin de rejoindre le faîte de la montagne. Deux cairns posés au sommet du vallon annoncent le virage en direction du point culminant. Utiliser une vague crête, dépourvue de relief, pour atteindre la croix sommitale, au bord du vide Ⓐ. Le retour s'effectue par le même itinéraire.

*Face au Bargy.*

**Départ :** le parking de La Pellaz (1 250 m)
**Accès :** se rendre au Mont-Saxonnex depuis Cluses.
Au village, tourner à gauche en direction de Morsullaz. Dépasser le télésiège et poursuivre encore sur 1 km, jusqu'au parking de La Pellaz où la route cesse d'être déneigée.
**Période(s) :** mi-décembre à fin-mars (par bon enneigement), à éviter par temps de brouillard
**Point culminant :** 1 936 m
**Balisage :** aucun jusqu'au col, marques orange ensuite
**Carte :** IGN 3430 ET

## SÉCURITÉ

La raquette est un accessoire davantage adapté aux terrains plats. Il est logique de développer sa pratique dans des reliefs de type jurassien. Les vastes plateaux karstiques offrent cette possibilité. Hélas, le chaos des lapiaz, s'il n'est guère enneigé, s'avère rapidement impraticable, voire dangereux. Le Rocher de Leschaux relève de ce cas de figure. Y évoluer par faible enneigement reste possible car le sentier de l'été apparaît longuement. En revanche, au cœur de l'hiver, si aucune trace n'a encore été réalisée, la progression exige une réelle capacité à anticiper les accidents du relief tout en maintenant le bon cap ! La présente randonnée bénéficie d'un panorama grandiose dès l'arrivée au col de Cenise. Tandis que la muraille du Bargy s'efface dans le creuset de la vallée de l'Arve, les trois cimes formant la chaîne du Jallouvre prennent un tel élan que l'on se croirait en haute montagne !

*Les piliers du Rocher de Leschaux.*

Dénivelé : 764 m | Horaire : 5 h (montée 3 h, descente 2 h)

# 08. LE CHALET DE LA CHA ET LE COL D'ENCRENAZ

**L'ascension du col de l'Encrenaz permet une première incursion dans le massif du Bargy, dans son versant oriental. La montée est soutenue mais agréable si elle est entreprise assez tôt le matin, en raison de l'exposition des pentes au soleil levant.**

Utiliser sur 300 m la départementale jusqu'au départ du chemin de Saint-Bruno et grimper en direction de Malatrait (par faible enneigement, il est possible de stationner au bout de 700 m de mauvais chemin). Dépasser le gîte du Passant (1325 m) 1 et s'élever jusqu'à l'alpage de La Cha (1525 m) 2. Grimper au-dessus des chalets en repérant un massif rocheux qu'il va falloir contourner par la droite (panneaux « Col de l'Encrenaz »). À l'approche des rochers (cachée dans l'angle de la paroi, une réplique de la grotte de Lourdes), bifurquer vers la droite où la trace du sentier de l'été facilite la progression vers la grande combe de l'Encrenaz 3. Atteindre un premier replat (épicéa solitaire) puis s'élever dans le centre de la combe jusqu'à un second palier (pente de 25° à 30°). De là, poursuivre dans un vallon 4 qui se resserre en direction du col. En période de neige instable, il est préférable de s'arrêter sur le petit replat central, hors de la trajectoire d'éventuelles coulées (se méfier aussi des chutes de pierres déclenchées par les bouquetins). L'ultime accès au col s'effectue dans une pente en écharpe, soutenue et exposée : passer à gauche sous la barrière des rochers, sur la trace du sentier d'été à deviner sous le manteau neigeux, afin d'éviter un gouffre situé sous le col, partiellement ou totalement comblé de neige. Du col A, il est encore possible d'atteindre, à droite, la Croix d'Encrenaz 5, ou le Petit Bargy (20 mn, 2098 m). Les premières pentes, exposées et souvent verglacées, exigent cependant l'utilisation d'un piolet.
Le retour s'effectue par le même itinéraire.

*La croix d'Encrenaz.*

**Départ :** parking en bordure de la D 4, 300 m en aval de Saint-Bruno (1220 m)
**Accès :** Le Reposoir, en suivant la direction du col de la Colombière depuis Cluses et Scionzier. Au village du Reposoir, poursuivre encore sur 3 km (D 4).
**Période(s) :** mi-décembre à fin-mars, à éviter par risque fort d'avalanches (niveau 4)
**Point culminant :** 1984 m
**Balisage :** aucun, excepté celui de l'été
**Carte :** IGN 3430 ET

## ÉTYMOLOGIE

« Encrenaz » et « enclave » évoquent l'idée d'entaille ou d'échancrure, probablement inspirée d'un mot gaulois. Ces termes entraînent forcément des tautologies puisqu'ils désignent à chaque fois le col… du col ! Celui d'Encrenaz au Petit Bargy permet de communiquer avec les alpages de Cenise par la cuvette du lac Bénit. Il n'est guère possible d'en effectuer la traversée hivernale tant les pentes du versant septentrional sont glaciales et abruptes. En revanche, celui qui nous concerne bénéficie d'une inclinaison modérée permettant de doser selon les possibilités de chacun l'engagement de la randonnée.

*Le col d'Encrenaz et, à droite, les falaises du Petit Bargy.*

Les sommets du Chablais au couchant depuis Romme.

*La tête de Romme et son village.*

**Départ :** Romme (1 300 m)
**Accès :** à Cluses, suivre la direction de Scionzier, puis tourner à gauche après le pont sur l'autoroute, en direction de Nancy-sur-Cluses. Dépasser ce village et poursuivre jusqu'au plateau de Romme, à 10 km de Cluses. Vaste parking au centre du village.
**Période(s) :** tout l'hiver
**Point culminant :** 1 463 m
**Balisage :** écriteaux mentionnant la direction de Nancy, puis celle de Romme
**Carte :** IGN 3430 ET

# 09. LE TOUR DE LA TÊTE DE ROMME

**Une boucle tranquille, idéale pour une initiation aux raquettes, et l'occasion de découvrir le pittoresque village de Romme depuis une butte qui est aussi le refuge des chamois.**

Du parking, se diriger vers la chapelle du village et bifurquer dans la petite route qui mène au restaurant La Rebloche. Dépasser cet établissement et, à proximité du dernier chalet, s'élever dans le champ en direction des bois. Appuyer à droite de façon à rejoindre une trouée sous la tête de Romme. Un écriteau mentionne la direction de Nancy dans les deux directions ; à gauche, il s'agit de la trace du retour. S'élever jusqu'à la cote approximative de 1400, avec un panorama étendu, des premières cimes du Chablais (Chalune et Roc d'Enfer) à celles du massif du Giffre (Bostan et Tenneverge). Par un chemin raide sur la gauche ❶, effectuer éventuellement l'aller-retour du point culminant (1 463 m) ❷, une impasse où la vue se trouve limitée en raison de la végétation. De retour au début de cette impasse, poursuivre en traversée horizontale sur la trace d'un chemin forestier qui, à la fin, descend brutalement jusqu'à une bifurcation (1 320 m) ❸. Virer à gauche, selon l'écriteau mentionnant la direction de Romme. Le chemin s'élève à nouveau jusqu'à la cote 1420 ❹, bien marquée. Décrivant une nouvelle traversée au-dessus du Foron du Reposoir, il rejoint sans difficulté le champ de neige du départ. La vue s'étend à tout le massif du Bargy, puis au col de la Colombière et à la pointe d'Almet.

## BONNES ADRESSES

- Le gîte Le Rommerot, à l'entrée de Romme, est tenu par Claire et Nicolas Roger qui vous accueillent dans un décor où le bois est majoritairement présent, au niveau de l'habitation et du mobilier. On peut y cuisiner librement (04 50 90 08 67, hébergement minimum 3 personnes : 5 à 7 places).
- Le restaurant tout proche, à la fois simple et convivial, vous permettra de profiter de la chaleur villageoise : La Rebloche (04 50 89 24 86).

## HISTOIRE

Un téléphérique fut installé à Romme en 1949 mais il était destiné au transport du lait, entre Romme et Nancy ! Un « pipe-lait » le remplaça ensuite tandis qu'un premier téléski fut inauguré en 1951. Le village avait accueilli en 1948 des jeunes issus de plusieurs nationalités, dans un esprit de réconciliation. Devenu « village communautaire international », il se tourna tout naturellement vers les loisirs de neige.

❄❄❄ **Dénivelé :** 842 m (735 et 107 m) | **Horaire :** 5 h 30 (montée 3 h, retour par Vormy 2 h 30)

# 10. LA TÊTE DE LA SALLAZ ET LES CHALETS DE VORMY

**La tête de la Sallaz est un magnifique belvédère. Les chalets de Vormy, blottis dans un repli de la vaste montagne d'Areu, ont su conserver le cachet des villages d'alpage d'autrefois.**

Emprunter un instant la départementale puis s'engager dans le chemin, sous un transformateur. Après un lacet, traverser le bas de la piste de ski en direction d'un bouquet d'épicéas afin de rejoindre la route forestière. Cette dernière décrit de larges lacets et aboutit au chalet des Vuardes (1 670 m) ❶. Rester sur la trace du chemin. Remonter une petite combe puis sortir de la forêt par une longue traversée à flanc de montagne. Atteindre un replat (1 900 m) ❷, sous la tête de la Sallaz. S'élever sur la gauche, dans une pente parfois verglacée, puis rejoindre le point culminant (2 026 m) ❸. Poursuivre (sud-ouest) par la crête, franchir une faible dépression et surmonter un autre dôme (2 013 m) ❹. Descendre dans la seconde dépression, puis virer à gauche dans un vallon qui descend vers la cuvette de Vormy. Pour éviter d'avoir à remonter, traverser horizontalement en direction des chalets (dévers parfois désagréables). Aux chalets (1 893 m), utiliser le chemin qui remonte sous la tête de la Sallaz. Après avoir dépassé les rochers, ne pas hésiter à s'élever afin d'aboutir à proximité du dôme de la Sallaz (2 000 m) ❺ et éviter ainsi une traversée dangereuse dans les pentes qui dominent la vallée de l'Arve. Retrouver la trace de montée. Aux chalets des Vuardes, il est possible de descendre directement vers l'arrivée du téléski en utilisant la trace utilisée par les skieurs randonneurs. En cas d'affluence, il est préférable de revenir par la piste forestière.

Vormy.

**Départ :** parking à la sortie de Romme (1 291 m)
**Accès :** à Cluses, suivre la direction de Scionzier, puis tourner à gauche après le pont sur l'autoroute, en direction de Nancy-sur-Cluses. Dépasser ce village et poursuivre jusqu'au plateau de Romme, à 10 km de Cluses. Poursuivre en direction du Reposoir et stationner après le virage du restaurant Au Bon Accueil.
**Période(s) :** décembre à fin-mars. Vormy : à éviter par risque fort d'avalanches (niveau 4)
**Point culminant :** 2 026 m
**Balisage :** celui de l'été
**Carte :** IGN 3430 ET

## HISTOIRE

La cuvette de Vormy formait le troisième palier de la montée des troupeaux, celui du plein été, après l'alpage de Romme, baptisé ainsi par les chartreux en mémoire de saint Romain. Ce phénomène de progression au rythme de la maturation des herbages se nommait jadis « les remues ». Il conditionna longtemps la vie des Nancherots, les habitants de Nancy. Il est fort bien décrit dans un document de Gilbert Maistre. Le village s'étendit là où il est actuellement, en dépit d'un maigre ensoleillement, en raison des nombreuses sources. Les terres les mieux exposées étaient réservées à l'agriculture et aux alpages. Ces derniers furent cédés par les moines du Reposoir en 1417 mais les conflits persistèrent jusqu'à la Révolution. En 1793, un autodafé anéantit les titres et les archives de la chartreuse. Le village de Romme se situait jadis à un kilomètre en aval de son emplacement actuel, là où l'eau était présente.

*De gauche à droite : les pointes d'Areu et des Arbennes. Surgissant à droite, la pointe Percée.*

*Sous le chalet d'Ablon. À droite, le mont Teret.*

*Le vallon d'Ablon.*

**Départ :** Les Pâres (1 340 m)
**Accès :** à Thorens-Glières, prendre la direction du plateau des Glières. À 9 km de la sortie d'Usillon, tourner à droite dans le chemin du Collet et stationner au bout de 500 m, dans le creux du vallon.
**Période(s) :** décembre à mars
**Point culminant :** 1 594 m
**Balisage :** celui de l'été
**Carte :** IGN 3430 ET et 3431 OT

# 11. LE VALLON D'ABLON

**Cet itinéraire se détourne du vaste plateau des Glières en s'insinuant dans le singulier vallon d'Ablon, aux parois prestigieuses, pour aboutir à la pittoresque « fenêtre » du col de la Bourse, vertigineusement tournée vers le sud.**

S'engager dans le chemin à droite et franchir le pont du nant de Paccot. Au bout de 10 minutes, abandonner la piste forestière au niveau du chalet de Traversy et poursuivre vers le sud dans un chemin fermé d'une barrière. À une bifurcation (1 310 m), ignorer la direction de la passerelle des Molliets et, après une courte descente, s'élever jusqu'au croisement du sentier issu de la plaine de Dran, que l'on emprunte vers la droite (1 344 m) 1. Cette piste descend bientôt dans le vallon par un passage taillé dans la falaise, jusqu'au creux de Pierre Moussière (1 255 m) 2. S'élever ensuite vers le chalet d'alpage d'Ablon, gîte d'étape en été (1 405 m) 3, en bordure des falaises qui, à la belle saison, attirent de nombreux grimpeurs. La balade peut cesser là, mais elle peut aussi se prolonger vers le sommet du vallon, communément nommé col de la Bourse. Après la petite croix de fer, utiliser dans le centre de la combe la trace d'un chemin qui grimpe vers le Freu d'Ablon (1 530 m), un replat intermédiaire, pour atteindre enfin son point culminant, au-dessus de la vallée du Fier (1 594 m) A : vue sur les massifs de la Tournette et des dents de Lanfon et, dans le lointain, sur le Trélod (massif des Bauges, à droite), le mont Charvin, la pointe de la Mandallaz et l'Étale (à gauche).
Le retour s'effectue par le même itinéraire, avec une montée de 20 mn au-dessus de Pierre Moussière (penser à bifurquer à droite).

## AMBIANCE

Avant d'aborder plus largement le vaste domaine des Glières, le randonneur s'introduit dans un site plus intime. Il faut d'abord atteindre le creuset obscur de Pierre Moussière. Une fois n'est pas coutume mais cette approche s'effectue majoritairement en descente. Elle donne accès au vallon secret, un bel alpage fréquenté aussi l'été par des grimpeurs amateurs d'escalade fine. En été, le chalet pratique l'hébergement depuis longtemps, en plus de ses activités pastorales. Le gîte fut modernisé il y a quelques années, consacrant définitivement le prestige du vallon. En hiver, le lieu semble retrouver le silence et une relative discrétion, même si la visite attire déjà de nombreux raquettistes. À l'abri de tout risque d'avalanche, la balade gagne à se prolonger soit du côté des parois mythiques, soit – comme cela est décrit ici – vers le sommet du vallon, en particulier vers cette fenêtre qu'il ouvre vers le sud, juste le temps d'entrevoir quelques sommets.

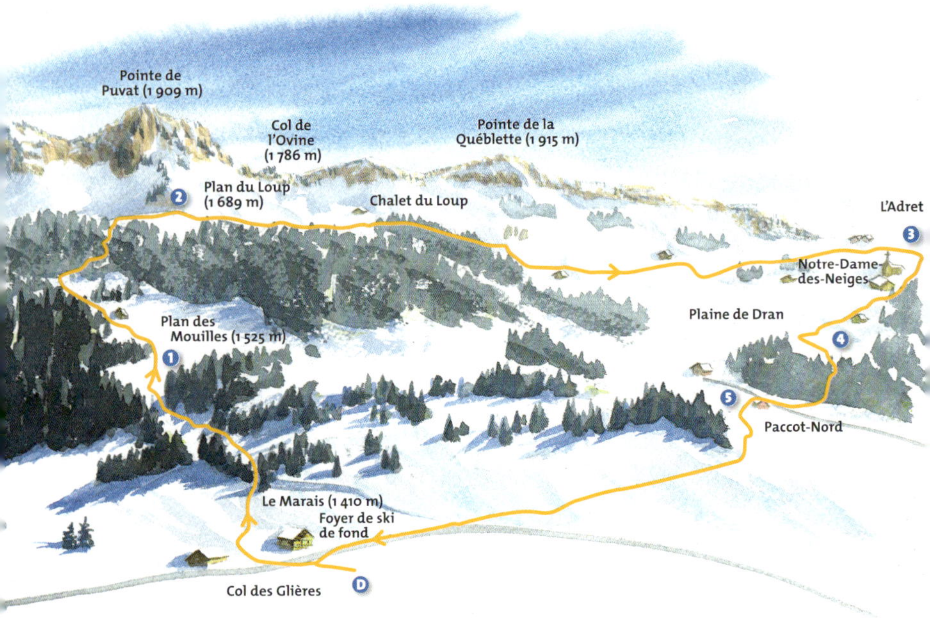


*La pointe de Puvat et le col de l'Ovine depuis la plaine de Dran.*

*Vers l'Adret.*

**Départ :** La Métraillière, Maison du Plateau et foyer de ski de fond (1 425 m)
**Accès :** à Thorens-Glières, prendre la direction du plateau des Glières et aboutir au col des Glières : parking à proximité du foyer de ski de fond (11 km).
**Période(s) :** décembre à mars
**Point culminant :** 1 689 m
**Balisage :** celui de l'été et fanions jaunes (retour)
**Carte :** IGN 3430 ET

# 12. LA BOUCLE DE LA PLAINE DE DRAN

**La plaine de Dran prolonge au sud le vaste plateau des Glières. Largement ouverte entre la crête de pointe Ronde et le col de l'Ovine, elle déploie de vastes champs de neige où le raquettiste peut façonner à sa guise son cheminement.**

De la Maison du Plateau, descendre dans le creux du ruisseau et grimper en face, sur la trace du sentier d'été. Côtoyer un cours d'eau (gelé ou enneigé), puis le franchir et s'élever en conservant la même direction (sud-est). Longer le plan des Mouilles (1 525 m) ❶ et appuyer à gauche après avoir traversé la piste de ski de fond. S'élever dans une étroite trouée, à gauche d'une petite cabane. La trace du sentier d'été (escarpée) reste le meilleur repère pour grimper jusqu'au replat suivant, le Plan du Loup : bifurquer à droite et dépasser le point culminant, une butte cotée 1689 ❷. En ignorant la direction du col de l'Ovine (à gauche), amorcer une lente descente vers la plaine de Dran (sud-ouest). Dépasser le chalet du Loup (1 601 m) et se diriger vers un énorme bloc de calcaire, fendu en trois parties, coiffé d'un bouquet d'épicéas. En évitant la boucle de fond, rejoindre un second chalet puis une ferme imposante, à flanc de montagne (crêt Saint-Germain), et descendre dans la plaine, à la bifurcation de l'Adret (1 440 m) ❸. Tourner à droite pour rejoindre aussitôt la chapelle Notre-Dame-des-Neiges et utiliser le chemin d'été jusqu'au niveau du parking de Dran (1 410 m) ❹. Maintenir cette direction en poursuivant à l'orée du bois, à gauche de la piste de fond. Des fanions jaunes jalonnent désormais la trace de retour. Après le franchissement d'un petit cours d'eau, grimper vers le chalet de Paccot-Nord (1 380 m, restaurant à droite) ❺ et s'élever en direction (nord-est) du col des Glières, en rive droite du ruisseau.

## ÉCOLOGIE

Façonner son propre cheminement, c'est le but recherché par de nombreux raquettistes. Cet objectif répond à l'aspiration de faire davantage preuve d'initiative, en ignorant les balisages officiels ou tout autre dispositif d'encadrement inventé par une société qui multiplie sans cesse de nouvelles exigences de sécurité. En ski de randonnée ou à raquettes, j'ai toujours éprouvé un vif plaisir à dessiner ma trace. J'ai appris en même temps à deviner sous son dôme de neige le gîte d'un tétras-lyre ou l'abri d'un petit animal persécuté par le long hiver. Provoquée par mon intrusion, sa fuite pouvait épuiser d'un coup plusieurs semaines de réserves nutritives et compromettre gravement sa survie... J'ai révisé mes aspirations et je suis retourné tranquillement dans les traces. Je m'insurge moins contre les balisages.

*Le plateau des Glières et le mémorial de la Résistance. Au fond, le Jallouvre.*

*Les chalets des Auges.*

**Départ :** La Métraillière, Maison du Plateau et foyer de ski de fond (1 425 m)
**Accès :** à Thorens-Glières, prendre la direction du plateau des Glières et aboutir au col des Glières : parking à proximité du foyer de ski de fond (11 km).
**Période(s) :** décembre à mars
**Point culminant :** 1 800 m ou 1 822 m
**Balisage :** celui de l'été
**Carte :** IGN 3430 ET

# 13. LES CHALETS DES AUGES

**Cet itinéraire conduit à un balcon merveilleux, perché au-dessus du plateau des Glières, face aux Aravis et au mont Blanc, une combe ouverte au vaste panorama mais aussi tenue à l'abri des vents, posée à la manière d'une auge, en plein ciel !**

De la Maison du Plateau, descendre dans le creux du ruisseau (1 410 m) et poursuivre en face, sur la trace du sentier d'été. Côtoyer un cours d'eau (gelé ou enneigé), puis le franchir et s'élever en conservant la même direction (sud-est). Longer le plan des Mouilles (1 525 m) ❶ et appuyer à gauche après avoir traversé la piste de ski de fond. S'élever dans une étroite trouée, à gauche d'une petite cabane. La trace du sentier d'été (escarpée) reste le meilleur repère pour grimper jusqu'au replat suivant, le Plan du Loup (1 670 m) : bifurquer à gauche ❷. Décrire quelques lacets et surmonter la crête par une pente plus soutenue, sous un piton coté 1900, le pas du Loup (1 800 m) ❸. Utiliser un moment la bordure du plateau, puis descendre jusqu'aux chalets des Auges rassemblés dans le creux d'une combe abritée Ⓐ. Le toponyme confirme la disposition des lieux, en forme d'auge, tout en évoquant les accessoires de l'activité pastorale. Pour le panorama, il est possible de grimper en 20 mn jusqu'au rebord septentrional du plateau, au point culminant de la crête qui domine les chalets (1 822 m) ❹. La vue s'étend à l'ouest jusqu'à la montagne de Sous-Dine. On peut y apercevoir les principaux tronçons de la grande boucle des Glières, la randonnée décrite au chapitre 14. À l'est, le panorama dévoile la chaîne des Aravis et, à l'arrière, tout le massif du Mont-Blanc.
Le retour s'effectue par le même itinéraire.

## BONNES ADRESSES

**La Maison du Plateau** complète le foyer de ski de fond, autour duquel s'organise l'activité principale du plateau des Glières (04 50 22 45 63, www.haute-savoie-nordic.com). Sur l'autre versant, s'élève un bel établissement tenu par Gilbert Vieillerobe, **l'Auberge des Glières**. C'est un lieu de rencontre et de convivialité, où des soirées à thèmes sont organisées dans le cadre des « Vendredis de l'Auberge » (04 50 22 45 62). Situés non loin de là, le restaurant **Chez Régina** (04 50 22 80 46) et le gîte d'étape **Chez Merlin** (06 78 41 79 48) accueillent les randonneurs dans une ambiance tout aussi sympathique. À 40 mn à pied, le café des Frêtes, **Chez Constance**, s'impose comme une adresse incontournable. S'y tenaient jadis de grandes fêtes musicales où se retrouvaient dans la bonne humeur tous les montagnards locaux (04 50 22 45 61. 72 places en dortoir ou chambres).

# 14. LA GRANDE BOUCLE DES GLIÈRES

**Cet itinéraire s'adresse aux randonneurs avertis, mais il concentre dans un même circuit toute la spécificité du plateau des Glières. La beauté du replat de la Tinnaz et les panoramas du crêt de l'Ébat constituent les premiers atouts de cette boucle unique.**

Traverser le plateau et dépasser le restaurant de la Mandrolière ❶. Poursuivre jusqu'aux chalets de Fréchet et appuyer à gauche pour aboutir au-dessus des chalets d'Outan (1 380 m) ❷. À la bifurcation, tourner à gauche et se maintenir sur le chemin malgré l'indication d'été. Dans la clairière occupée par le refuge de Spée ❸, reprendre l'ascension à gauche, vers le Creux des Sarrazins (contourner des rochers par la droite). Franchir le col de Spée (1 688 m) ❹. Descendre dans l'autre versant, raide et encombré de lapiaz. Après le premier lacet, appuyer vers la droite et rejoindre le chalet de Tinnaz (1 549 m) ❺. Obliquer franchement à gauche, en bordure nord du plateau, sous la « fenêtre » du col du Freu. Après le creux d'un ruisseau, utiliser momentanément, sur la droite, la trace d'un chemin vers Roche Parnal. S'élever ensuite (sud) jusqu'au crêt de l'Ébat (1 729 m) ❻. En descendre par la gauche (ruines) et, en choisissant en forêt les meilleures pentes, rejoindre le lit gelé du ruisseau des Brassets. L'utiliser jusqu'à une gorge étroite et terreuse. En sortir par une traversée ascendante en rive gauche, en direction d'une piste d'exploitation. Arriver à Champ Laitier, au niveau du chalet du Plan et de la passerelle des Brassets (1 354 m) ❼ : virer à gauche et gravir les pentes raides du sentier d'été jalonné vert-jaune. Surmonter le faîte de la montagne à Roncevaux (1 620 m) ❽ et continuer jusqu'à la Commanderie (1 550 m) ❾ où la descente vers le plateau des Glières s'effectue par une boucle large à droite ou par une pente raide, plus directe.

*La trilogie du Jallouvre.*

**Départ :** le col des Glières (1 425 m)
**Accès :** à Thorens-Glières, prendre la direction du plateau des Glières et aboutir au col des Glières : parking au col, au niveau de l'édifice du mémorial de la Résistance (11 km).
**Période(s) :** décembre à mars
**Point culminant :** 1 729 m
**Balisage :** celui de l'été et jalons verts-jaunes au retour
**Carte :** IGN 3430 ET

## HISTOIRE, PATRIMOINE

Le mémorial de la Résistance n'est « pas un monument mais un symbole ». C'est dans cet état d'esprit qu'il fut conçu par son créateur, Emile Gilioli, en 1973. Lancées vers le ciel comme le V de la victoire, ses deux flèches expriment l'engagement des maquisards, leur cri d'espérance. Le disque solaire traduit le sentiment de liberté et le désir d'une éternelle renaissance. La fragilité pressentie de l'assemblage évoque le risque toujours possible de l'échec, la menace perpétuelle du chaos si l'Homme vient à baisser les bras. Une des deux flèches semble s'interrompre dans son élan. C'est la marque des épreuves, des souffrances et de la mort. Pour commémorer à sa manière l'issue dramatique du combat des Glières (mars 1944), la Fédération française de randonnée pédestre (FFRP) a édité un topo-guide regroupant 26 randonnées estivales réparties sur les parcours historiques du plateau.

*Vers le crêt de l'Ébat à proximité de Sous-Dine.*

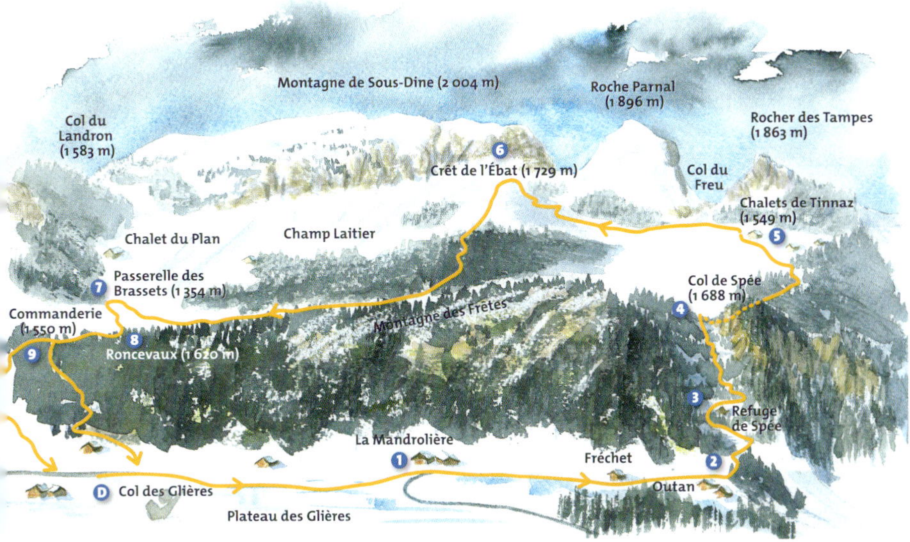

# 15. LA POINTE D'ORSIÈRE

**Après un agréable parcours en balcon au-dessus du village de Manigod et de la haute vallée du Fier, l'itinéraire s'achève en apothéose face aux murailles imposantes de l'Étale, jusqu'à leur prolongement dans les pointes du mont Charvin.**

Partir sur la piste horizontale qui prolonge la route du Torchon. Franchir le torrent de Sulens et, après quelques méandres, dépasser le chalet des Charmettes au lieu-dit La Combe (1 245 m) ❶. Ignorer la trace qui part à gauche en direction du chalet de la Tête. Poursuivre sur la piste large dans le contournement de la combe des Cernets et atteindre la bifurcation de l'Arbarête (1 404 m) ❷. Après une légère descente, franchir un bras du nant Bargat et s'élever enfin vers la crête d'Orsière, à flanc de montagne. Dépasser un chalet et sortir de la forêt pour rejoindre celui du Macheux (1 598 m) ❸. La randonnée cesse là si la qualité du manteau neigeux est douteuse. Le panorama est grandiose sur toute la chaîne de l'Étale et sur l'aiguille de Manigod, monolithe élancé posé en saillie au devant de la pointe de la Mandallaz. En contrebas, on entrevoit le ravin glacial du Fier naissant. La phase finale de l'ascension de la pointe d'Orsière se déroule sur le faîte de la montagne, de manière à éviter tout risque de plaque à vent, et demande un effort plus soutenu. S'élever ainsi dans la première pente centrale, puis entre deux bouquets d'épicéas, sans jamais déborder dans l'un ou l'autre des versants qui forment le cône sommital. Au sommet Ⓐ, la vue s'élargit vers le mont Charvin et, au sud, vers la vallée de la Chaise, émaillée des hameaux de la commune du Bouchet-Mont-Charvin.
Le retour s'effectue par le même itinéraire.

*L'Étale.*

**Départ :** Le Torchon (1 180 m)
**Accès :** à Thônes, choisir la direction de Faverges et du col du Marais puis, à 2 km, tourner à gauche et se rendre à Manigod, sur la route du col de la Croix-Fry. Au cœur du village, tourner à droite en direction de Tournance et, à la bifurcation suivante, prendre celle du col de Plan-Bois. 300 m avant le hameau du Plan-des-Berthats (fin du déneigement de la route), s'engager à gauche dans le chemin qui mène au chalet du Crêt du Torchon, près d'un relais hertzien.
**Période(s) :** décembre à mars
**Point culminant :** 1 750 m
**Balisage :** celui de l'été
**Carte :** IGN 3531 OT

*Sur la crête sommitale de la pointe d'Orsière face au mont Charvin.*

## HISTOIRE, PATRIMOINE

Ne pas manquer le détour jusqu'au hameau du Plan-des-Berthats, à 300 m en amont du chemin du Torchon, pour sa chapelle et ses authentiques constructions montagnardes dotées de galeries ouvragées en bois.

## TOPONYMIE

Étymologiquement, le nom d'Orsière évoque forcément la présence des ours. Les parages du mont Charvin furent longtemps considérés comme habités par plusieurs de ces plantigrades. Des spéléologues découvrirent d'ailleurs quelques ossements de cette espèce près du pas de l'Ours !

## BONNE ADRESSE

Le Pied Firmin. Les Choseaux (direction du col de Plan-Bois), à Manigod (04 50 44 91 13. Mail : lepied@gite-aravis-alpes.com). Une cuisine est à votre disposition pour le repas de midi et le goûter.

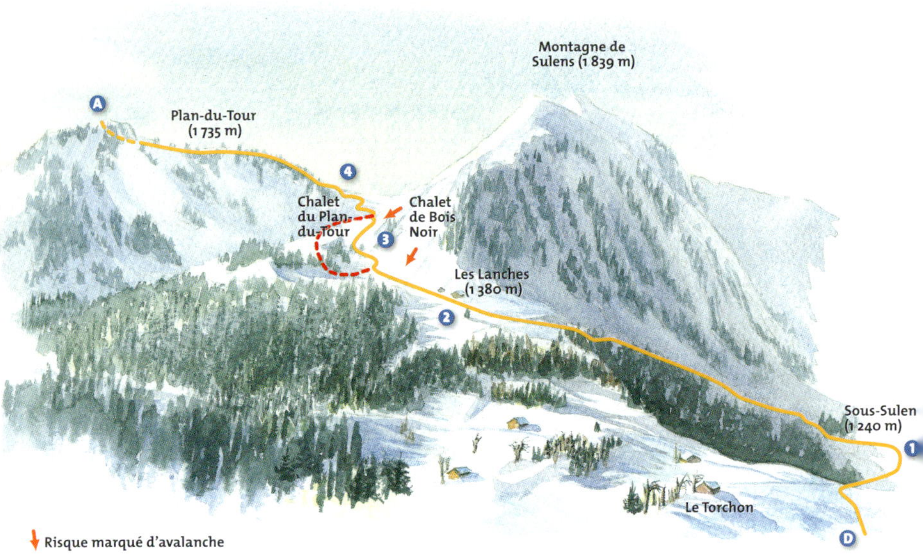


*La crête sommitale du Plan du Tour est préservée de la brume.*

*Vers la route du col de Plan-Bois.*

**Départ :** Plan-des-Berthats, en amont du hameau (1 140 m)
**Accès :** à Thônes, choisir la direction de Faverges et du col du Marais puis, à 2 km, tourner à gauche et se rendre à Manigod, sur la route du col de la Croix-Fry. Au cœur du village, tourner à droite en direction de Tournance et, à la bifurcation suivante, prendre celle du col de Plan-Bois. Traverser le hameau du Plan-des-Berthats et stationner en amont de la chapelle (fin du déneigement de la route).
**Période(s) :** décembre à mars
**Point culminant :** 1 735 m
**Balisage :** celui de l'été
**Carte :** IGN 3531 OT

# 16. LE PLAN-DU-TOUR

**Cet itinéraire panoramique permet de visualiser toute la partie méridionale de la chaîne des Aravis, rehaussée des vigoureux sommets de l'Étale et du mont Charvin. Le Plan-du-Tour en forme le balcon idéal, facilement accessible en l'absence de tout risque d'avalanche.**

Partir à pied sur la route non déneigée (signalisation annonçant un risque d'avalanche) et suivre son lacet jusqu'au départ d'un chemin : Sous-Sulens, à gauche (soit à 20 mn environ, 1 240 m) ❶. Emprunter cette piste et dépasser bientôt un premier chalet rénové puis celui des Lanches, baptisé Ferme des 4 Seuillis (1 380 m) ❷. Poursuivre sous les pentes de la montagne de Sulens, en direction du sud, sur la trace du chemin et en l'absence de tout risque d'avalanche. Parvenir ainsi au chalet de Bois Noir (1 550 m) ❸. En cas de doute, on peut chercher à éviter la trajectoire possible des coulées en effectuant une large boucle dans la combe du nant de Sulens à partir des Lanches, quitte à perdre un minimum de dénivellation, puis en s'élevant dans le creux du ruisseau en direction du col du Plan-du-Tour, en contrebas du chalet de Bois Noir. Quelle que soit l'option, ne pas chercher à rallier l'ensellement du col mais continuer à s'élever sur la gauche de façon à atteindre, au même niveau et dans le versant sud, le chalet du Plan-du-Tour ❹. Contourner la construction par la droite et gravir en direction du nord-est la modeste crête qui le domine, par un dôme large d'abord puis vers son ultime promontoire (1 735 m) Ⓐ : vue magnifique sur le massif de l'Étale, le chaînon du mont Charvin et sur la vallée du Bouchet-Mont-Charvin. Le retour s'effectue par le même itinéraire.

## SÉCURITÉ

Le risque d'avalanche est présent dans cette balade pourtant facile et très esthétique. Il l'est dès la sortie de la voiture, justifiant le non-déneigement de la chaussée alors que l'on est proche du col de Plan-Bois (300 m). Celui-ci est surtout réel à partir du chalet des Lanches, quand on aborde la traversée sous les pentes de Sulens. Le toponyme trahit la présence de l'eau, qui provoque des éboulements de terrain. Le phénomène estival se renouvelle en hiver sous forme de glissement des plaques de neige, particulièrement dans le versant exposé le matin au réchauffement solaire. L'itinéraire coupe ces pentes à leur base, d'où la réalité d'une telle menace. Il convient donc d'attendre que ce versant soit purgé. Il est possible de s'en faire une idée en examinant cette zone depuis la pointe d'Orsière (itinéraire n° 15) ou, partiellement, depuis la route du col de la Croix-Fry, au-dessus de Manigod.

❄❄❄ **Dénivelé : 540 m | Horaire : 4 h (montée 2h15, descente 1h45)**

# 17. LA MONTAGNE DE SULENS

**Sommet remarquable quand on le contemple depuis la route du col de la Croix-Fry, il cache une voie d'accès relativement facile et très esthétique, offrant à la fin un panorama d'envergure face à la chaîne Étale-Mont Charvin, par-dessus le damier pittoresque des hameaux de Manigod.**

Partir sur la trace du chemin qui débute à droite, au niveau de l'auberge de Plan-Bois. Après une croix métallique, la piste coupe à sa base une pente dépourvue de végétation, parfois à l'origine de petites coulées : s'en méfier avant de l'aborder. Atteindre le chalet de la SCEA (1452 m) ❶, puis bifurquer en rive droite d'un petit vallon. La trace, parfois déversée, oblige à s'élever ensuite dans les pentes supérieures. Rejoindre ainsi le rebord d'une combe large, à gauche des chalets de Sulens (1600 m) ❷. Poursuivre dans le centre de cette cuvette et gagner le rebord oriental de la combe, formant un col non nommé sur la carte (1740 m : vue sur le mont Charvin et le chalet du Plan-du-Tour) ❸. S'engager ensuite sur l'arête faîtière à gauche. La pente est faible au départ, plus soutenue ensuite. Il est impératif de ne pas dévier de son fil en raison du risque de plaques à vent ou de corniches pouvant fragiliser le rebord oriental de l'arête. Un tronçon horizontal permet d'atteindre le point culminant Ⓐ. La croix du sommet se situe au nord, sur un dôme légèrement moins élevé. Son accès exige une bonne stabilité du manteau neigeux.

Le retour s'effectue par le même itinéraire. Il est déconseillé de descendre dans la trace des skieurs, en pente ouest (vers le replat de la Greffaz), en raison de la fragilité du manteau neigeux en milieu de journée.

*La combe de Sulens.*

**Départ :** le col de Plan-Bois (1299 m)
**Accès :** à Thônes, choisir la direction de Faverges et du col du Marais. Tourner à gauche au bout de 4 km, au village des Clefs, et poursuivre jusqu'au col de Plan-Bois (6 km. Stationner en aval du parking de l'auberge).
**Période(s) :** décembre à mars
**Point culminant :** 1839 m
**Balisage :** celui de l'été
**Carte :** IGN 3531 OT

## CAILLOUX

Le village des Clefs tient son nom d'une famille très ancienne : les Clets, un nom qui évoque la cluse, le rétrécissement de la vallée. La montagne de Sulens fut ainsi nommée en raison d'une appellation liée au vieux français où « sullent » signifiait « suant ». Ce toponyme traduit l'abondance des ruisseaux, cause de plusieurs éboulements historiques. La montagne de Sulens possède une histoire géologique tout à fait originale puisqu'elle s'apparente aux formations de type klippe, un terme allemand signifiant l'écueil. Ce dernier indique que la montagne est née d'une superposition de couches plus anciennes (200 millions d'années) sur un sol jeune, provoquée par la surrection du mont Blanc.

## BONNE ADRESSE

L'Auberge de Plan-Bois, au col homonyme. Réputée pour ses beignets de pommes de terre, elle est en mesure de vous offrir de nombreuses spécialités savoyardes comme le farcement (04 50 44 40 83).

*Table d'orientation au sommet de la montagne de Sulens.*

*La tête de Cabeau faiblement enneigée en décembre.*

**Dénivelé :** 120 m environ | **Horaire :** 2 h 15 (boucle ; montée 1 h 30, descente 0 h 45)

# 18. LE TOUR DE LA TÊTE DE CABEAU

*Sous l'Étale.*

**Départ :** le col de la Croix-Fry (1 467 m)
**Accès :** à Thônes, choisir la direction de Faverges et du col du Marais puis, à 2 km, tourner à gauche et poursuivre jusqu'au col de la Croix-Fry. De La Clusaz, se diriger vers le col des Aravis puis vers le col de la Croix-Fry.
**Période(s) :** fin-décembre à mars. À éviter après une forte chute de neige.
**Point culminant :** 1 500 m
**Balisage :** aucun, excepté au retour
**Carte :** IGN 3531 OT

**Cet itinéraire court et facile se déroule majoritairement en balcon, face aux cimes de Sulens, du Charvin et de l'Étale. La tête de Cabeau marque le sommet des remontées mécaniques de la Croix-Fry, mais la présente boucle s'en détache totalement.**

Du col, descendre en contrebas de la route dans le versant de Manigod. Longer un instant l'aire des remontées mécaniques et, après le télésiège de Crête Blanche ❶, retrouver le virage de la route pour s'en écarter aussitôt. Franchir le creux d'un ruisseau puis s'engager dans un parcours à flanc de montagne, face à la montagne de Sulens. À la cote 1420, remonter en forêt pour atteindre le chalet de l'Andran, au centre d'un beau champ de neige ❷. Progresser ensuite avec prudence, en longeant la lisière du bois sur la droite, en raison du vide caché par les épicéas (une rampe raide qui peut être verglacée), puis en traversant une ravine dont les versants fortement inclinés peuvent être à l'origine de subites coulées de neige. Aboutir à la clairière du chalet Vé la Marie à Noré ❸. Reprendre l'ascension dans le bois en conservant la même direction et rejoindre dans un chemin large l'itinéraire à raquettes n° 4. C'est le début d'un parcours en balcon offrant une vue étendue sur la montagne de Sulens, le mont Charvin, la pointe de la Mandallaz et le massif de l'Étale. Dépasser la ferme de la Frasse (1440 m) ❹. Poursuivre sur le chemin en ignorant à gauche la suite de l'itinéraire n° 4. Rejoindre ainsi la station de l'Étale au col de Merdassier (1500 m) ❺. Traverser le vaste parking de la station. Le retour au col de la Croix-Fry s'effectue par un chemin damé, en lisière de forêt, dans le versant est de la tête de Cabeau.

## SÉCURITÉ

Entre le chalet de l'Andran et celui de Vé la Marie à Noré, une rampe soutenue, souvent verglacée, peut être à l'origine de difficultés. Le rideau des épicéas dissimule la raideur de la pente, à main droite. Par bonheur, la trace est entretenue par de fréquents passages de raquettistes. La recherche d'équilibre s'en trouve facilitée, car ils ont imprimé dans la trace une assise suffisamment solide pour les raquettes. Cette vigilance doit se maintenir dans le passage suivant si le manteau neigeux est important. Dans la traversée d'une ravine, on peut craindre en effet le glissement de quelques plaques de neige lourde. Au pire, on fera demi-tour au chalet de l'Andran.

Dénivelé : 320 m | Horaire : 3 h 45 (montée 1 h 45, descente 2 h)

# 19. LE PLATEAU DE BEAUREGARD

**Cet itinéraire aborde un site réputé de la station de La Clusaz sans s'immiscer un seul instant dans le domaine des skieurs. C'est un magnifique belvédère, essentiellement tourné vers les combes des Aravis puis vers les massifs périphériques du mont Lachat ou du Jallouvre.**

Partir dans le versant sud du col, c'est-à-dire à gauche en arrivant de Manigod, dans une petite route qui s'élève en dessinant un lacet. Quitter le chemin au bout de 15 mn au profit d'une trace à gauche signalée par l'écriteau Colomban par les Frêtes ❶. Progresser à travers épicéas et champs de neige en direction du nord-ouest pour rejoindre la crête des Frêtes. Emprunter cette dernière vers la gauche afin de rejoindre une première élévation, suivie d'une faible dépression précédant de peu le point culminant (1 741 m) ❷ : vue sur le mont Blanc dans la trouée du col des Aravis. Revenir dans la dépression et contourner la sommité par la gauche (ou suivre la crête) pour aboutir au replat du chalet de Colomban (1 690 m) ❸ : vue étendue sur le Jallouvre et la chaîne des Aravis. Effectuer l'aller-retour à la croix de Colomban par une crête boisée, en arrière du chalet (10 minutes à l'ouest) ❹. La descente s'effectue en direction du plateau de Beauregard par un chemin qui débute aussi à l'arrière du chalet, vers l'est, dans une crête secondaire. Après le chalet de Lachat, dépasser l'oratoire Saint-Jacques ❺. À son niveau, bifurquer à gauche puis traverser un plateau vers la droite et gravir le dôme des Vaunessins, en arrière du chalet Vé la Louise à Manu (1 637 m) ❻. Conserver cette direction jusqu'aux abords du téléphérique (restaurant La Piste Bleue) et bifurquer à droite ❼. Le chemin damé conduit sans difficulté au col de la Croix-Fry.

*La pointe Percée.*

**Départ :** le col de la Croix-Fry (1 467 m)
**Accès :** à Thônes, choisir la direction de Faverges et du col du Marais puis, à 2 km, tourner à gauche et poursuivre jusqu'au col de la Croix-Fry. De La Clusaz, se diriger vers le col des Aravis, puis vers le col de la Croix-Fry.
**Période(s) :** décembre à mars
**Point culminant :** 1 741 m
**Balisage :** celui de l'été
**Carte :** IGN 3531 OT

## AMBIANCE

La randonnée se déroule dans un site très fréquenté par les fondeurs, les skieurs et les simples marcheurs. On ne s'en lasse pas car elle déroule tout le panorama de la station de La Clusaz selon des angles inédits ou d'autres perspectives, ainsi pour le premier regard en direction du mont Blanc. Le toit de l'Europe apparaît dans toute sa singularité dans les hauteurs du col des Aravis, une étroite fenêtre, pour ne laisser la place à aucune autre cime ! En revanche, les dalles verticales de l'aiguille de Borderan le dotent d'un encadrement prestigieux. Dans l'enfilade, les combes se suivent, toutes différentes jusqu'au monolithe de la pointe Percée (2 750 m). De l'autre côté, la longue crête reliant le Suet au mont Lachat laisse deviner de nouveaux espaces sauvages… En face, la barrière élancée du Jallouvre et ses satellites annoncent déjà les prochaines randonnées. À la mi-temps du circuit, l'aller-retour à la croix de Colomban permet d'entrevoir le cœur de la vallée de Thônes, la patrie du reblochon !

*La vue s'étend à l'ouest jusqu'au plateau du Parmelan.*

❄❄❄ **Dénivelé : 531 m ou 565 m | Horaire : 4 h 15 ou 5 h 30 (montée 2 h 45, descente 1 h 30 ;**
❄❄❄ **retour par les Confins : 2 h 45)**

# 20. LA TÊTE DU DANAY

**Cet itinéraire s'intercale entre la vallée des Confins et celle du Bouchet, face aux grandioses combes des Aravis. L'ascension entreprise depuis Sain-Jean-de-Sixt permet de s'affranchir du domaine nordique.**

Partir sur le chemin damé qui prolonge la route. À la bifurcation (1 240 m) ❶, poursuivre sur la piste forestière balisée n° 15 jusqu'à une cabane isolée et la plate-forme de débardage (Lachat, 1 290 m) ❷. Atteindre le replat de Frasse-Girard (1 360 m) ❸ : s'élever à droite dans une pente soutenue et, au chalet de Danay-d'En-Bas (1 460 m) ❹, couper la trace de la route pastorale puis remonter un long champ de neige jusqu'à la buvette de Danay (1 561 m, chiens de traîneaux) ❺. En longeant la lisière de la forêt sur la gauche, gravir une côte et rejoindre la crête à droite. Par celle-ci, atteindre le sommet où se dresse la croix de fer Ⓐ. Le retour s'effectue par le même itinéraire jusqu'à proximité du chalet de Danay-d'En-Bas ❹ où l'on emprunte vers la gauche la route pastorale, et ce jusqu'au parking.

**Variante retour :** il est possible de revenir également par Les Confins. Pour cela, descendre en contrebas de la croix et utiliser la crête faîtière vers l'est en dépassant le replat de Sur-Frête (pistes de fond, 1 608 m) ❻. Ignorer la descente du sentier des piétons et poursuivre jusqu'à l'extrémité du chaînon où est tracée celle des raquettistes (fléchage n° 13) ❼. Aux Confins (chapelle construite en 1834 après un épisode de gelées catastrophiques), virer à droite et utiliser la trace n° 12. Attention ! Aux Frasses, continuer à flanc de montagne (éviter de remonter vers la tête du Danay). Au chalet du Plattuy, poursuivre jusqu'au col des Mouilles (chalets, 1 368 m) ❽. Traverser le col en direction du nord-ouest (à droite) et rejoindre la route pastorale par une courte zone boisée (1 330 m) ❾.

*La croix du Danay.*

**Départ :** Les Granges (1 200 m)
**Accès :** à Saint-Jean-de-Sixt (entre Thônes et La Clusaz), prendre la direction du col des Aravis puis tourner à gauche après la station-service, selon les directions Danay et Les Granges. Poursuivre jusqu'à la fin du tronçon déneigé, soit 2,5 km (les 300 derniers mètres sont souvent verglacés).
**Période(s) :** fin décembre à mars
**Point culminant :** 1 731 m
**Balisage :** celui de l'été, itinéraires balisés 15, 13 et 12
**Carte :** IGN 3430 ET

## HISTOIRE, PATRIMOINE

L'étymologie de Saint-Jean-de-Sixt s'expliquerait par une déformation du mot « scis », attribué aux pierres de ses carrières. Le village s'orienta vers les métiers du bâtiment. La présente ascension permet de découvrir la vallée de Thônes, le plateau de Forgeassoud et la colline du Crêt où se tenaient autrefois l'église, la mairie et l'école, « un mamelon exposé à tous les vents » abandonné en 1870 au profit du site actuel. L'imposante croix sommitale (12 m) fut dressée en 1974. Cette reconversion fut entreprise par Jean Mermillod.

Le retour de la tête du Danay peut s'effectuer par Les Confins, face aux combes des Aravis. Une fracture entaille la chaîne, réplique locale de la Brèche de Roland, nommée Porte des Aravis. L'histoire (revue par Rabelais) l'attribue au géant Gargantua. Ce dernier aurait trébuché en enjambant la crête et, d'un violent coup de galoche, aurait propulsé le bloc jusqu'en Beaufortain, là où se dresse désormais la Pierra Menta !

*Les courbes des Aravis depuis le replat de Sur-Frête (au centre, la pointe de Tardevant).*

Dénivelé : 170 m ou 274 m | Horaire : 2 h 15 (montée 1 h 15, descente 1 h), + 30 mn A/R pour la crête

# 21. PACCALY ET LA BOMBARDELLAZ

**Cet itinéraire facile introduit le randonneur dans le domaine sauvage des combes des Aravis, certes fréquenté mais grandiose. L'ascension du cône final de la Bombardellaz apporte la cerise sur le gâteau, un magnifique belvédère face à Tardevant, lieu de légende !**

Partir dans le prolongement du parking et passer sous la combe du Grand Crêt (panneau : risque d'avalanche). Dépasser le chalet de la Bottière (1480 m) en évaluant la stabilité du manteau neigeux dans la pente qui lui succède, sujette à des coulées de neige. Arriver au chalet de Paccaly-d'En-Bas (1490 m) 1, sous la combe homonyme. Poursuivre horizontalement sur la trace du chemin large et pénétrer dans la forêt toujours direction nord-est. Traverser une étroite clairière à partir de laquelle on appuie à gauche. La seconde clairière correspond au site de la Pierre Marquée, limite des communes de La Clusaz et du Grand-Bornand (1537 m) 2. Elle marque un nouveau changement de direction, vers la droite. En revenant ensuite à gauche, on atteint la pente large au bord de laquelle est implanté le chalet-refuge (fermé en hiver) de la Bombardellaz (1610 m) A. Les chalets d'alpage de la Bombardellaz se situent à 500 m, en direction du nord-ouest. À vouloir les atteindre, on s'expose à un grave risque d'avalanche en coupant la pente qui domine la trace du chemin d'été, fortement instable et inconfortable.

**Variante :** il est préférable de gravir le sommet de la crête (1714 m) 3 qui domine le refuge, en veillant à se maintenir sur le fil de l'arête, en bordure des épicéas. La progression y est soutenue mais cette courte ascension se justifie pleinement pour le panorama (30 minutes aller-retour).
Le retour s'effectue par le même itinéraire.

*Le chalet de Paccaly.*

**Départ :** Les Confins (1440 m)
**Accès :** à Thônes, suivre la direction du col des Aravis jusqu'à La Clusaz. Au rond-point qui marque la sortie de la station, tourner à gauche et poursuivre jusqu'au terminus de la route, après la chapelle, au parking des Confins.
**Période(s) :** décembre à mars
**Point culminant :** 1714 m
**Balisage :** celui de l'été
**Carte :** IGN 3430 ET

## LÉGENDES ET ANECDOTES

Aux Confins vivait un étrange personnage, Jean de Tardevant. Tous les jours, notre Jean partait vers la combe de Tardevant, fixant des talons à l'avant de ses chaussures de manière à désorienter les petits malins chargés de l'espionner ! Puis il disparut à jamais. Deux compères des Confins venus à Paris pour gagner leur vie comme écailleurs furent subitement interpellés alors qu'ils essayaient de soigner leur mal du pays, dans une auberge de l'île de la Cité. L'homme qui leur faisait face se présenta comme étant Jean de Tardevant et leur expliqua qu'il eut un jour le bonheur de découvrir un trésor, une telle quantité d'or qu'il ne put tout emporter ! De bon cœur, celui-ci inscrivit sur le papier l'itinéraire de sa découverte. Le lendemain, les deux compères s'éveillèrent l'esprit embrumé. Ils s'avouèrent avoir vécu un étrange rêve. Ils aboutirent tous deux à la même version… sans parvenir toutefois à retrouver le précieux croquis !

*Le refuge de la Bombardellaz : ascension du cône final.*

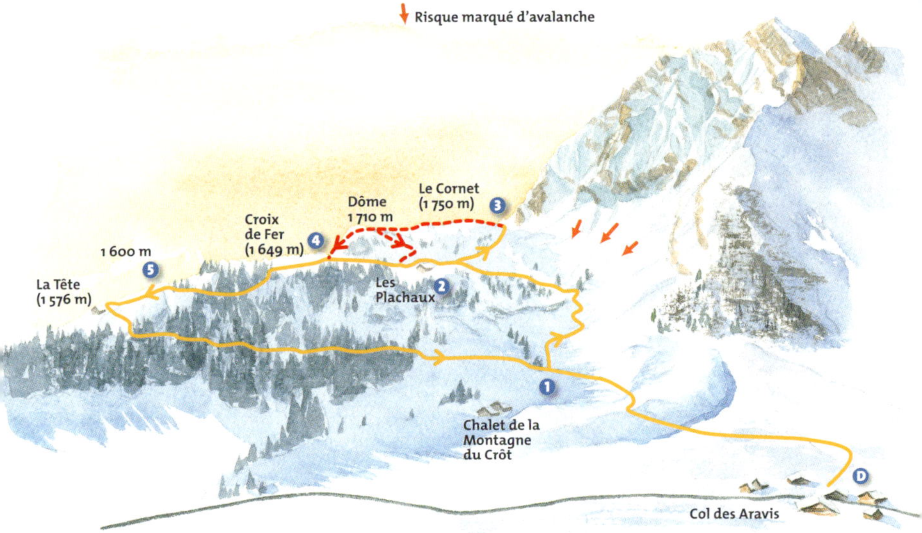


*Le chalet de la montagne du Crôt.*

*Sous les Plachaux.*

**Départ :** le col des Aravis (1 486 m)
**Accès :** à Thônes, suivre la direction du col des Aravis jusqu'à La Clusaz. Au rond-point qui marque la sortie de la station, poursuivre jusqu'au col (stationner à droite de la chaussée).
**Période(s) :** décembre à mars
**Point culminant :** 1 750 m
**Balisage :** celui de l'été
**Carte :** IGN 3531 OT

# 22. LA BOUCLE DES PLACHAUX ET LA CRÊTE DU CORNET

**Une balade courte et agréable au col des Aravis, à la verticale des contreforts sévères des massifs de l'Étale et de Merdassier, une porte ouverte vers le mont Blanc, le val d'Arly et le proche massif du Beaufortain.**

Partir sur la route des Montagnes, au sud du col (vers la droite en venant de La Clusaz). Arriver au ruisseau des Aravis (1 610 m, panneaux d'informations) ❶ et s'y élever de manière à retrouver le chemin qui conduit aux chalets des Plachaux. L'emprunter vers la gauche et pénétrer dans la combe occupée par les deux chalets. Virer à droite à leur niveau ❷, dans le vallon formé par la crête où s'éparpillent les ultimes épicéas. Sous le dernier mamelon qui précède le collet du Cornet (petite paroi), appuyer vers la gauche plutôt que de chercher à rejoindre le collet, passage d'été. Gravir à gauche le point culminant, un dôme panoramique coiffé d'un lapiaz (1 750 m) ❸. Le retour s'effectue par le même itinéraire jusqu'aux deux chalets, sinon par le faîte de la crête. Dans cette seconde solution, plus sportive, se méfier du lapiaz, un piège pour les chevilles ! Aboutir ainsi au dernier dôme (1 710 m) dont la descente peut s'avérer délicate à cause des rochers. Le contourner par la gauche avant de l'aborder, à travers les épicéas, et rejoindre les chalets ou forcer la descente du ressaut, à l'écart du vide et des rochers. Dans cette option, rejoindre directement la petite croix de fer, sinon l'atteindre depuis les chalets des Plachaux en traversant vers la droite (1 649 m) ❹. De là, se diriger plein nord en utilisant la trace d'un chemin qui aboutit au virage de la Tête, sur la route des Montagnes (table d'orientation, 1 600 m) ❺. Retour au parking du col par cette route, à droite.

## À SAVOIR

Au col des Aravis fut érigée au XVIIe siècle la chapelle Sainte-Anne, suite à une longue période de sécheresse. Elle servait aussi d'abri aux voyageurs. Au-dessus du col, il y a maintenant une via ferrata. Elle fut baptisée « Yves Pollet-Villard » en mémoire de l'ancien maire et guide de La Clusaz, qui contribua avec Guy Périllat au succès de la station dans les années soixante. Sa participation à de nombreuses expéditions himalayennes l'avait doté du titre de « maire le plus haut de France ». Yves Pollet-Villard était aussi professeur à l'ENSA, l'école des guides de Chamonix. Amoureux de grands espaces sauvages, il affectionnait les courses qui se déroulaient à l'écart des circuits classiques. En juin 1981, il rentrait avec des clients du mont Blanc à skis par une voie tout à fait originale, celle des aiguilles Grises. Il avait aménagé à coups de piolet une traversée particulièrement délicate en amont du refuge Gonella. Une coulée de neige l'emporta à cet endroit.

Dénivelé: 238 m | Horaire: 2h30 (montée 1h15, descente 1h15 + 2h30 en A/R pour la croix de Stattin)

# 23. LE CHALET DU CURÉ

**Cette randonnée facile impose pourtant une totale absence de risque d'avalanche. L'environnement sévère des parois de l'Étale lui confère une ambiance haute montagne qui se renforce dans ses prolongations en direction de la croix de Stattin.**

Partir sur la Route des Montagnes, au sud du col (vers la droite en venant de La Clusaz). Dépasser le ruisseau des Aravis et atteindre le virage qui domine le chalet de la Tête (1600 m, table d'orientation) 1. Poursuivre en légère descente sur le chemin (risques de coulées) jusqu'à l'auberge de Plan-Rebort (1564 m, fermée en hiver) 2 et aborder une large combe soumise au danger d'avalanche par risque de niveau 3 ou 4. Le chalet du Curé est facilement identifiable sur la crête, repérable par son toit à quatre pans. En l'absence de danger, effectuer la traversée par la Route des Montagnes qui, à la fin, contourne le chalet A.
Le retour s'effectue par le même itinéraire.

**Variante:** par bonnes conditions, il est intéressant de poursuivre jusqu'à la croix de Stattin. Compter 2h30 en A-R pour 234 m de dénivellation supplémentaire, selon un profil similaire. Traverser la combe suivante, en légère descente (1600 m) 3, et remonter jusqu'au seuil de Bogneuve (1688 m) 4. Appuyer ensuite vers la gauche pour atteindre par des pentes faciles le sommet d'une crête dominant le val d'Arly et le plateau de Chaucisse. Une croix couronne l'extrémité de cette crête, baptisée croix de Stattin (1782 m) 5. Vers le nord-est, une seconde croix en matérialise l'autre extrémité, la croix Cartier, autre prolongation possible de la randonnée (1834 m). Le retour s'effectue comme à l'aller.

*Sous l'Étale.*

**Départ:** le col des Aravis (1486 m)
**Accès:** à Thônes, suivre la direction du col des Aravis jusqu'à La Clusaz. Au rond-point qui marque la sortie de la station, poursuivre jusqu'au col (stationner à droite de la chaussée).
**Période(s):** décembre à mars
**Point culminant:** 1652 m
**Balisage:** celui de l'été
**Carte:** IGN 3531 OT

## HISTOIRE, PATRIMOINE

Le chalet du Curé appartenait au comte de Flumet. Confisqué pendant la Révolution, celui-ci échut finalement dans la famille Balman, à Saint-Nicolas-la-Chapelle. L'un des frères Balman était prêtre et en hérita, d'où son nom! Le terme n'a donc rien à voir avec la retraite clandestine d'un ecclésiastique qui aurait fui le régime révolutionnaire, mais il est quand même issu de l'histoire de cette période agitée. Le chalet appartient maintenant à une famille de La Giettaz. Les chalets d'alpage furent souvent le refuge des prêtres réfractaires et même des jeunes villageois qui fuyaient la circonscription de 1792 ou celles des campagnes napoléoniennes, et le STO en 1939-1945. La route des Montagnes relie les hauteurs d'Ugine à celles de Sallanches. Elle fut surnommée «Route de la Soif» car, le jour de son inauguration, les habitants de La Giettaz – furieux d'un tracé fixé à l'écart de leur village – décidèrent de clôturer tous les estaminets!

*Le chalet du Curé et son panorama en direction du mont Blanc.*

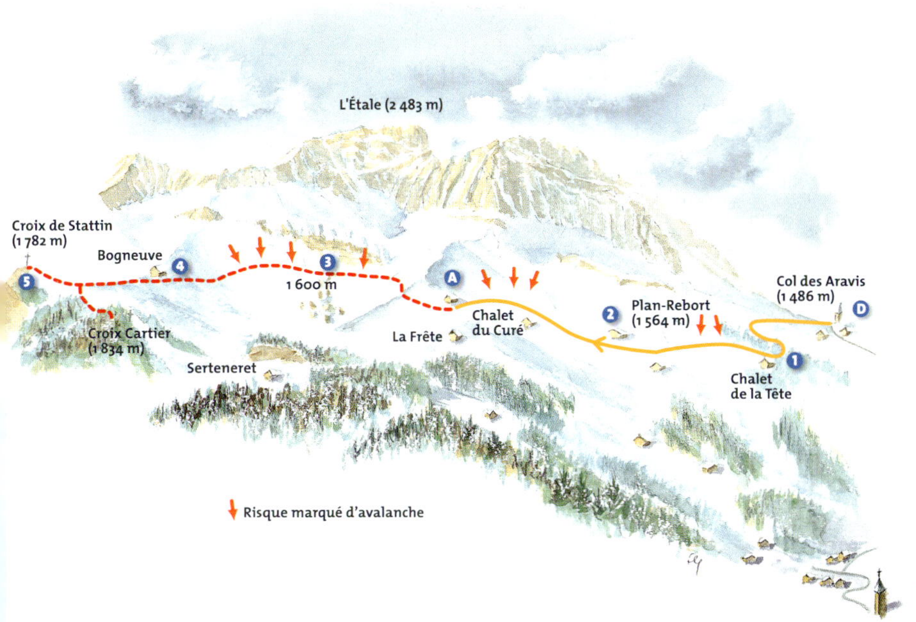

*À droite, la Grand'Montagne. À l'arrière, à gauche, le Jallouvre.*

*Les chalets des Bouts.*

**Départ :** la chapelle du Bouchet (1 035 m)
**Accès :** de Thônes (direction du col des Aravis) ou de Bonneville (par Saint-Pierre-en-Faucigny), se rendre au Grand-Bornand. Avant de pénétrer dans la station, tourner à droite en direction de la vallée du Bouchet et poursuivre jusqu'au hameau homonyme. Stationner dans les ruelles, à proximité de la chapelle du Bouchet.
**Période(s) :** décembre à mars
**Point culminant :** 1 605 m
**Balisage :** celui de l'été
**Carte :** IGN 3430 ET

# 24. LA GRAND'MONTAGNE BALCON DES ARAVIS

**Cet itinéraire mérite bien le surnom de Balcon des Aravis. C'est un belvédère de premier ordre face à la pointe Percée, point culminant de la chaîne, dans un beau décor pastoral.**

De la chapelle du Bouchet, se diriger (ouest) vers le hameau du Crêt (1060 m). Le traverser et s'engager dans le premier chemin à droite. S'élever ainsi à flanc de montagne jusqu'à la saignée du torrent du Nant Robert qui dévale en direction de la chapelle du Bouchet (1120 m) ❶. Ne pas franchir le cours d'eau mais gravir le champ de neige qui le précède en direction d'un groupe de chalets épars, les Granges du Bouchet. Couper le lacet d'une route et atteindre le chalet des Saytels, nommé Ferme Bellony ❷. Le dépasser et, par la trace d'un sentier partant vers la gauche, aboutir au parking de la Croix (1351 m) ❸. Bifurquer à droite dans le chemin du Tour du Lachat et dépasser le chalet des Touillettes (1450 m) ❹. S'élever ensuite pour atteindre une large pente occupée en son centre par le chalet de la Grand'Montagne (un arbre à double tronc cache le milieu de sa façade) : vue sur la chaîne des Aravis et la pointe Percée Ⓐ. La randonnée cesse là car le versant est ensuite exposé au risque d'avalanche.

Le retour s'effectue par le même itinéraire jusqu'au chalet des Touillettes ❹. Pour une descente plus directe, descendre à flanc de montagne en contrebas du chemin de l'aller, en utilisant la trace d'un sentier qui côtoie plusieurs chalets. Il aboutit à la ferme Bellony, aux Saytels. Reprendre à son niveau la trace de l'aller jusqu'à la chapelle du Bouchet.

## HISTOIRE, PATRIMOINE

La pointe Percée, point culminant des Aravis (2750 m), forme l'élément panoramique de la traversée. Sa première ascension officielle daterait de 1865, attribuée à un certain Maquelin. On est en mesure de douter qu'il s'agisse réellement d'une première. L'intéressé lui-même avoue que le sommet fut visité quelques siècles auparavant par un trio de moines particulièrement débauchés, envoyés là-haut pour expier un forfait honteux. Ceux-ci avaient été chargés d'une lourde croix métallique. Quant à la date de l'ascension, elle paraît bien tardive sachant qu'à la même époque Edward Whymper foulait les cimes de l'aiguille Verte et du Cervin, des sommets glaciaires autrement plus difficiles ! Maquelin enveloppe son récit de mille détails truculents, entre autre la fuite de son guide, terrorisé par la raideur des rochers !

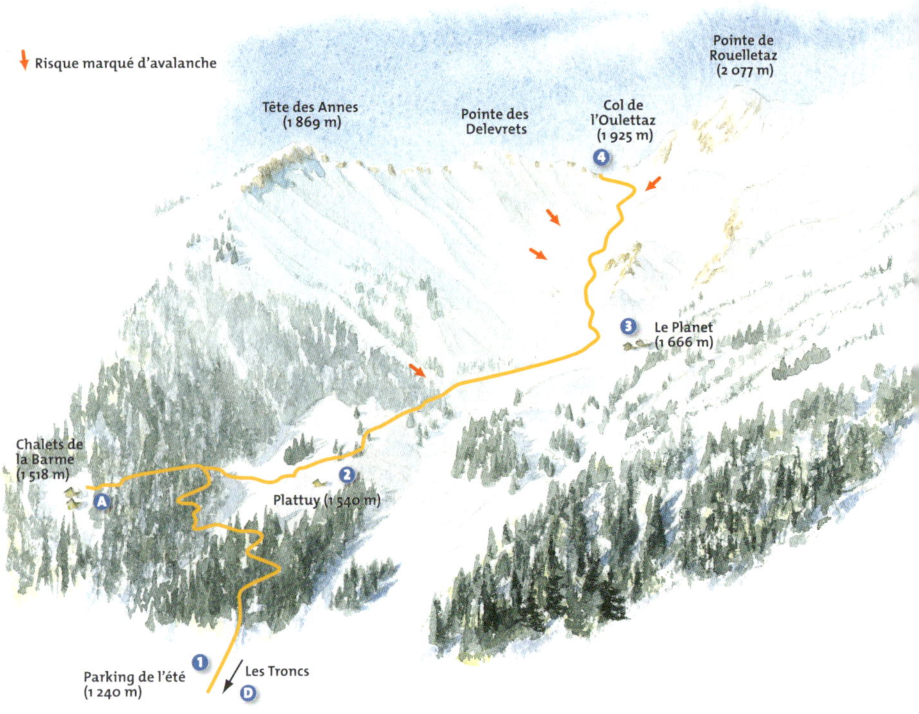


*Le vallon du Planet et le col de l'Oulettaz.*

*Plattuy et Barme.*

# 25. LE COL DE L'OULETTAZ ET LES CHALETS DE LA BARME

**Cet itinéraire escarpé se veut avant tout sportif mais il peut rester une balade accessible à tous dans sa première partie, jusqu'au niveau des chalets de Plattuy et de Barme, à la fois pittoresques et panoramiques.**

S'engager sur la piste qui prolonge la route jusqu'au parking de l'été (1 240 m) ❶. Côtoyer un instant le torrent du Borne, en rive droite, puis s'élever en forêt sur la trace du sentier d'été. Ignorer à gauche la direction du col de Borneronde et, par des lacets, rejoindre la piste qui relie le chalet de Plattuy à ceux de Barme. L'emprunter vers la droite jusqu'au proche replat du chalet de Plattuy (1 540 m) ❷. Poursuivre vers le haut, à flanc à gauche dans le vallon, en coupant une zone boisée. En l'absence de tout risque d'avalanche (début de la zone exposée à des coulées, issues des flancs de la pointe des Delevrets), traverser en direction du chalet du Planet (1 666 m) ❸. Le dépasser et grimper vers le col : pente soutenue, particulièrement en seconde partie (25 à 30°). Se tenir d'abord en rive gauche puis exploiter au mieux le terrain pour que la progression soit agréable et efficace, un moment dans le creux du ruisseau (source du Borne), dissimulé sous le manteau neigeux. Cette ascension n'est possible qu'en l'absence de risque d'avalanche dans les deux versants. L'ultime accès au col s'effectue de la droite vers la gauche ❹.
Le retour s'effectue par le même itinéraire jusqu'au chalet du Plattuy où la piste, après la bifurcation de l'aller, permet d'effectuer un aller-retour jusqu'aux pittoresques chalets de Barme (20 mn), face à la pointe Percée (1 518 m) Ⓐ. Revenir au point de départ par le sentier de la montée.

**Départ :** Les Troncs (1 182 m)
**Accès :** de Thônes (direction du col des Aravis) ou de Bonneville (par Saint-Pierre-en-Faucigny), se rendre au Grand-Bornand. Avant de pénétrer dans la station, tourner à droite en direction de la vallée du Bouchet et poursuivre jusqu'au terminus de la route, au hameau des Troncs (difficultés de stationnement : revenir vers l'aval).
**Période(s) :** mars, avril
**Point culminant :** 1 925 m
**Balisage :** celui de l'été
**Carte :** IGN 3430 ET

## SÉCURITÉ

Pas question d'effectuer l'ascension du col au moindre risque d'avalanche ou de coulée : indications de niveaux 3 à 4, chaleur excessive pouvant entraîner le glissement des couches de neige, en particulier après une chute importante ou encore en mars-avril avec les risques d'avalanches de printemps. L'accès au col ne réserve qu'une vue partielle sur la vallée du Reposoir au nord. Il serait stupide de braver le danger pour la simple satisfaction d'aller au bout ! En revanche, depuis le chalet de Plattuy, il est fortement intéressant d'aller flâner autour des chalets de Barme, pour un magnifique coup d'œil sur la pointe Percée et les combes des Aravis.

## HISTOIRE, PATRIMOINE

Pour mieux comprendre l'architecture montagnarde des Aravis, rendez vous à la Maison du Patrimoine, au Grand-Bornand (0450027918). Ce bâtiment date de 1830, comme la plupart des constructions historiques.

# 26. LA BOUCLE DU VIEUX CHINAILLON

**Cette randonnée facile sert de prétexte à la découverte du vieux village du Chinaillon et des hameaux qui s'échelonnent sous le Roc de Charmieux. Elle offre aussi des prolongements agréables sous les épicéas, où il fait bon chercher sa route.**

La randonnée débute à la sortie du hameau. Dépasser le hameau de la Bouvardière ❶ et ses chalets pittoresques et poursuivre en contrebas d'un petit oratoire en longeant la piste de ski de fond. La quitter rapidement au profit d'une trace qui s'élève à flanc de montagne jusqu'aux chalets de La Frasse-d'En-Haut. Traverser la piste de fond et rejoindre un instant la route qui grimpe vers le hameau de La Culaz ❷. Reprendre la traversée vers l'ouest en continuant dans le chemin des Mouilles. Parvenu sous le dernier chalet (1 399 m) ❸, appuyer à gauche et traverser à nouveau la piste de fond. S'élever à travers les épicéas, en direction du sud-ouest, jusqu'au sommet d'une crête (1 490 m), au lieu-dit Les Parchets ❹. Ignorer la direction du Grand-Bornand et continuer vers l'ouest afin de découvrir, dans une courte descente, les chalets de la Tannaz (1 436 m) ❺. En amorçant le retour, choisir à droite un chemin qui part en direction du sud-est. Le quitter au premier virage en maintenant cette direction à travers les épicéas ❻. Rejoindre, par une courte descente à gauche, la cuvette des Mouilles, face au Roc des Tours. Retrouver ainsi la route de la Culaz et l'itinéraire de l'aller ❷.

*La chapelle de Chinaillon.*

**Départ :** le vieux village du Chinaillon (1 270 m)
**Accès :** de Thônes (direction du col des Aravis) ou de Bonneville (par Saint-Pierre-en-Faucigny), se rendre au Grand-Bornand et poursuivre en direction du col de la Colombière. À l'entrée du village du Chinaillon, tourner à gauche vers le vieux village et stationner au-delà de la chapelle.
**Période(s) :** décembre à mars
**Point culminant :** 1 490 m
**Balisage :** celui de l'été
**Carte :** IGN 3430 ET

## HISTOIRE, PATRIMOINE

Le hameau des Bouts se situe à l'entrée du vallon de Maroli. Les actuels chalets (cf. photo p. 65) datent de 1792, rebâtis après l'incendie qui ravagea le village originel. La chapelle du Chinaillon est réputée pour ses vitraux. Elle présente un clocher à bulbe. Cet élément architectural date souvent des XVe et XVIe siècles, à l'époque où les Savoyards émigraient vers l'Europe centrale. On remarquera que les chalets possèdent souvent une galerie, « la lozge », protégée de la neige ou de la pluie, avec un « solaret » utilisé pour faire sécher le linge et les récoltes ou pour effectuer la plupart des travaux d'entretien de l'outillage. Le « bo à vaches » (l'étable) transmet sa chaleur à l'habitation, formée de la « cozna » (la cuisine), « du peille » (la pièce la plus chaude, dotée d'un fourneau, où l'on séjourne en hiver) et des chambres de devant et de derrière.

*Vers la Bouvardière, sous le roc de Charmieux.*

# 27. LE ROC DES TOURS

**Cet itinéraire d'envergure est doté des plus beaux panoramas. Il impose des cheminements moins complexes que ceux du Parmelan ou de Sous-Dine, avec lesquels il partage un beau terrain karstique. On y contemple plus aisément la chaîne des Aravis et la pointe Percée.**

L'ascension commence dans le chemin qui débute au point le plus élevé de la route de La Samance, signalé par l'indication d'été « Lac de Lessy ». Au premier virage, partir vers la droite plutôt que d'emprunter la trace du sentier d'été (rester à droite du ruisseau). S'élever ensuite dans un vaste champ de neige, à peine incliné, en direction du Rocher du Buclon. Parvenu à proximité des premières pentes, bifurquer vers la gauche (1 570 m) ❶ et s'engager dans un beau vallon, sous la crête de l'aiguille Verte du Chinaillon, souvent colonisée par les skieurs-randonneurs. À partir de cet endroit, l'ascension exige une absence de risque d'avalanche de niveau 3 à 4. Se tenir plutôt en rive droite du vallon de manière à éviter totalement ce risque (les pentes soumises à l'exposition solaire dès le matin doivent être « purgées » mais des coulées sont toujours possibles). Atteindre ainsi un col non nommé sur la carte (1 887 m) ❷. Virer à gauche et, au-delà d'une petite brèche, utiliser la bordure du plateau karstique du Roc des Tours, formant au fil de la montée une arête esthétique (se méfier des fractures du lapiaz). Dépasser l'à-pic d'une dépression profonde et atteindre, par des pentes plus régulières, le sommet proprement dit, très aérien (croix) Ⓐ.
Le retour s'effectue par le même itinéraire.

*Au-dessus du col à 1 887 m.*

**Départ :** La Samance (1 360 m)
**Accès :** de Thônes (direction du col des Aravis) ou de Bonneville (par Saint-Pierre-en-Faucigny), se rendre au Grand-Bornand et poursuivre en direction du col de la Colombière. Traverser la station du village du Chinaillon et, à sa sortie, s'élever en direction du domaine immobilier de La Samance (indication). Stationner en bordure de la route, au point le plus élevé.
**Période(s) :** mi-décembre à avril
**Point culminant :** 1 994 m
**Balisage :** aucune indication, excepté au départ
**Carte :** IGN 3430 ET

## AMBIANCE

L'ascension du Roc des Tours, sans jamais atteindre un grand niveau de difficulté, est réellement magnifique ! Au col non nommé sur la carte, point de regret pour le sommet tout proche de l'aiguille Verte du Chinaillon ! Celle-ci peut se gravir à raquettes mais le cheminement de l'arête, très déversé, ne se prête guère à cette pratique. Réservons-la plutôt aux skieurs-randonneurs. En revanche, la lente ascension du Roc des Tours réserve les plus beaux coups d'œil quand, à la crête faîtière, se superposent l'arête effilée de l'aiguille Verte du Chinaillon et la cime élancée du Jallouvre. La présente randonnée demande un enneigement important afin d'effacer les accidents du relief karstique, des pièges sournois. Gare aux chevilles ! Le sommet est très aérien. Le regard plonge d'abord vers le Roc de Charmieux ou vers le vallon de Mayse puis retrouve les contours de la vallée du Borne. Il s'élève ensuite vers les grands sommets environnants : Tournette, Jallouvre, pointe Percée, mont Blanc…

*Les Aravis (pointe Percée) depuis le sommet du roc des Tours.*

*Le lac de Peyre (enneigé) et les rochers de la pointe du Midi.*

Dénivelé : 850 m | Horaire : 5 h 45 (montée 3 h 30, descente 2 h 15) ❄❄❄

# 28. LE COL DE BALAFRASSE

*La pointe Blanche.*

**Départ :** Les Bouts (1 400 m)
**Accès :** de Thônes (direction du col des Aravis) ou de Bonneville (par Saint-Pierre-en-Faucigny), se rendre au Grand-Bornand. Poursuivre en direction du col de la Colombière et traverser la station du Chinaillon. Continuer jusqu'à la fin du tronçon déneigé, au niveau de la route qui conduit au hameau des Bouts.
**Période(s) :** décembre à avril
**Point culminant :** 2 250 m
**Balisage :** aucun sinon l'indication du lac de Peyre
**Carte :** IGN 3430 ET

**Cet itinéraire s'adresse aux randonneurs avertis. Il exige une parfaite stabilité du manteau neigeux et se déroule majoritairement dans des pentes soutenues. Quelle ascension ! Ambiance grandiose, au cœur de la trilogie Jallouvre-pointe Blanche-pointe du Midi (2 438 m).**

Utiliser la route sur 2 km, jusqu'au col de la Colombière (1 613 m, raccourci après le pont) ❶. Contourner le restaurant par la gauche pour s'élever sur la trace du chemin d'été. Le quitter au premier replat et gravir une butte cotée 1746 pour éviter une traversée exposée et un dévers dangereux. Par une légère descente, revenir ensuite au-dessus du chalet de la Colombière et pénétrer dans un vallon étroit (1 750 m) ❷. Grimper en direction de la pointe Dzérat, dans des pentes soutenues (indication du lac de Peyre). À proximité des premiers contreforts rocheux, appuyer à gauche pour abandonner la trace des skieurs. S'élever en direction des parois de la pointe du Midi jusqu'au niveau d'un chaos de blocs. Bifurquer à gauche et, en traversée, atteindre le replat du lac de Peyre (2 108 m) ❸. Poursuivre horizontalement (ouest) au-dessus du lac enneigé et aborder la pente qui conduit au col de Balafrasse, bien visible à droite de pointe Blanche : la gravir jusqu'au col, en dessinant des virages Ⓐ. En l'absence de corniches, il est possible d'utiliser l'arête faîtière sur une vingtaine de mètres de façon à bénéficier d'un peu de recul et d'une vue surplombante sur les deux versants de la montagne, depuis un modeste promontoire. L'accès au sommet de la pointe de Balafrasse (2 296 m) est rarement possible en raison de l'exposition au vide et de la présence des corniches.
Le retour s'effectue par le même itinéraire.

## BESTIOLES

Le col de la Colombière, rendu célèbre par le Tour de France, était aussi apprécié par les touristes estivaux qui venaient y admirer de splendides bouquetins. Le site fut choisi en 1987 par le ministère de l'Environnement pour la réintroduction du gypaète barbu. Ce rapace, à l'envergure impressionnante (presque 3 mètres), surnommé « le casseur d'os », fait partie de la famille des vautours. Il purge la montagne de toutes les dépouilles d'animaux, brebis ou agneaux, chamois ou bouquetins victimes d'avalanches… Particulièrement friand de leur moelle, il projette en plein vol les os de façon à les briser sur les rochers.

## HISTOIRE, PATRIMOINE

La présente randonnée est davantage orientée vers la vallée du Reposoir. Ce terme désigne l'endroit où étaient parqués les troupeaux. Il est aussi associé à l'histoire de la chartreuse, fondée en 1151 par Jean d'Espagne. Elle fut rachetée en 1922 par Alessandra di Rudini, fille d'un ministre italien, qui opta pour la vie monastique. En 1932, la chartreuse devint carmel.

*La pointe d'Orsière depuis la Riondaz.*

# 29. LA POINTE D'ORSIÈRE PAR RIONDAZ

*La crête en direction du mont Charvin.*

**Départ :** Les Dzeures (1 270 m)
**Accès :** à Thônes, suivre la direction de Faverges et franchir le col du Marais. À Serraval, tourner à gauche et traverser le village du Bouchet-Mont-Charvin. Poursuivre en direction du col de l'Épine (accès depuis Faverges) et tourner à gauche en direction de La Savatte. Dépasser le centre du hameau et stationner au bout de 1,4 km au départ du chemin Les Dzeures.
**Période(s) :** décembre à mars
**Point culminant :** 1 750 m
**Balisage :** celui de l'été
**Carte :** IGN 3531 OT

**Balade agréable, dans un massif relativement épargné par les foules. On retrouve le panorama entrevu du côté de Manigod. On découvre aussi l'ambiance bucolique du haut val Sulens.**

Gravir la pente au-dessus des chalets des Dzeures, à gauche d'un cours d'eau, jusqu'aux chalets du Betex et de la Fatte (1 490 m) 1. Au niveau du second édifice, utiliser la trace d'un chemin qui part à gauche, sous le sommet de la Tulle. N'entreprendre cette traversée qu'en l'absence de tout risque d'avalanche, en raison des pentes (anciennes coulées visibles) et la prolonger jusqu'à l'amorce d'une courbe vers la gauche (bouquet d'épicéas). Rallier ensuite le collet où se situe la ferme Sur-le-Freu (1 683 m) 2. De là, s'engager à gauche sur la crête large, s'amenuisant ensuite pour disparaître dans le cône de la Riondaz (1 746 m) 3. Descendre dans la dépression suivante (1 700 m) et achever l'ascension sur la pointe d'Orsière A.
Le retour s'effectue par le même itinéraire ou par le versant d'en face, en l'absence de tout risque d'avalanche (risques de coulées issues du Plan du Tour). Dans la dépression à 1 700 m, virer à droite et atteindre le plan des Mouilles (deux chalets, 1 506 m) 4. S'engager sur la trace du chemin d'accès au second bâtiment jusqu'au chalet des Vouatais (1 433 m) 5. Descendre dans la pente en contrebas pour couper un lacet et rejoindre le hameau des Mouilles (1 250 m) 6. Revenir sur le versant du départ en tournant à gauche (logo Tournette-Aravis rouge et jaune) : franchir le torrent et remonter par le chalet de Mouille Beufand (1 270 m) 7 en direction des Dzeures.

## À SAVOIR

Le val Sulens regroupe quatre communes, Manigod, Les Clefs, Serraval et Le Bouchet-Mont-Charvin. Côté montagne, c'est une fenêtre ouverte vers les espaces sauvages de la chaîne du Mont-Charvin. Les chasseurs y empruntaient une goulotte obscure, le pas de l'Ours. On pense qu'il fut ainsi nommé en raison de la présence d'un ours qui hantait les parois du mont Charvin (en 1977, des spéléologues y ont effectivement retrouvé un squelette d'ours). Côté vallée, on y découvre de magnifiques hameaux. L'été, on peut accomplir le tour du val Sulens en cinq jours en partant des Clefs et en faisant étape au refuge de Rosairy, à Serraval, au refuge du Haut-de-Marlens puis au chalet de Tardevant, sous la pointe de la Mandallaz. La boucle passe par le col de la Croix-Fry, nommé jadis Crux-Fero. Une pierre levée marque l'emplacement d'un antique culte païen. Elle fut christianisée par l'intervention de saint François de Sales qui compléta l'entaille verticale originelle (la griffe d'un glaive) d'un trait perpendiculaire.

❄❄❄ **Dénivelé: 513 m ou 823 m | Horaire: 3h30, 5h15 par la variante des Fours**
❄❄❄ **(montée 2h15, descente 1h15; variante 3h30 et 1h45)**

# 30. LE HAUT-DE-MARLENS ET LA COMBE DES FOURS

**Cet itinéraire complète la visite du haut val Sulens, inaugurée dans la précédente randonnée, mais il fournit aussi l'occasion de côtoyer le second géant des Aravis, le mont Charvin et son impressionnante combe, paradis des skieurs de très bon niveau.**

Du centre du hameau, partent deux chemins, l'un vers la gauche et l'autre vers la droite: choisir le premier, en bordure d'un petit cours d'eau. Aboutir au hameau des Frasses (1241 m) et tourner à droite ❶. S'élever dans un champ de neige et rejoindre la route forestière. L'emprunter le temps d'aboutir au départ d'un chemin, sur la gauche. Décrire un lacet et poursuivre dans le bois à partir d'un chalet isolé. Retrouver la piste plus haut et l'utiliser vers la gauche pour aboutir aux Fontanettes (1480 m, restaurant) ❷. Grimper dans la pente en utilisant la trace du sentier d'été jusqu'au chalet du Haut-de-Marlens (1657 m) Ⓐ.
Le retour s'effectue par le même itinéraire.

**Variante:** la prolongation de l'itinéraire suppose une absence totale de risque d'avalanche (provenant des sommités sans nom à 1969 m et à 2117 m). Poursuivre en direction de la Tulle en descendant vers un replat de la combe des Fours (1620 m) ❸. S'élever à gauche dans des pentes soutenues. Gagner un affaissement de la crête, baptisé par nous «Sous la Tulle» (1930 m) ❹. Le retour s'effectue par la combe des Fours, puis le long d'une des croupes qui la prolongent en direction du chalet de la Fatte (à droite, pente raide pour aboutir au chemin). De la Fatte ❺, descendre le long de la bordure des épicéas (chalet du Betex) jusqu'aux chalets des Dzeures ❻. Couper le lacet de la route forestière et, par celle-ci, rejoindre à gauche la Savatte (5 à 10 mn).

*Le Haut-de-Marlens.*

**Départ:** La Savatte (1144 m)
**Accès:** à Thônes, suivre la direction de Faverges et franchir le col du Marais. À Serraval, tourner à gauche et traverser le village du Bouchet-Mont-Charvin. Poursuivre en direction du col de l'Épine (accès depuis Faverges) et tourner à gauche en direction de La Savatte (à 2,3 km de la bifurcation). Stationner au cœur du hameau.
**Période(s):** décembre à mars
**Point culminant:** 1930 m
**Balisage:** celui de l'été
**Carte:** IGN 3531 OT

## À SAVOIR

Dans la traversée des pentes, le ski est mieux adapté que la raquette car la présence des carres facilite l'accroche. Le raquettiste, en revanche, sera pris au dépourvu. Certes le matériel a considérablement évolué. Il existe même des raids d'altitude pour raquettistes! À Chamonix, des cordées de randonneurs avertis descendent ainsi la Vallée Blanche! En Oberland bernois, on croise des raquettistes encordés sur le vaste glacier d'Aletsch ou ses affluents… En réalité, la motivation et l'état d'esprit se rejoignent chez l'un et l'autre pratiquants. Ce qui anime une randonnée, une balade ou une course, c'est le plaisir de dessiner sa trace, d'évoluer dans un monde où la liberté peut encore s'exprimer, d'aller voir «ce qu'il y a au-delà».

*Le Haut-de-Marlens et les rochers de la Tulle.*

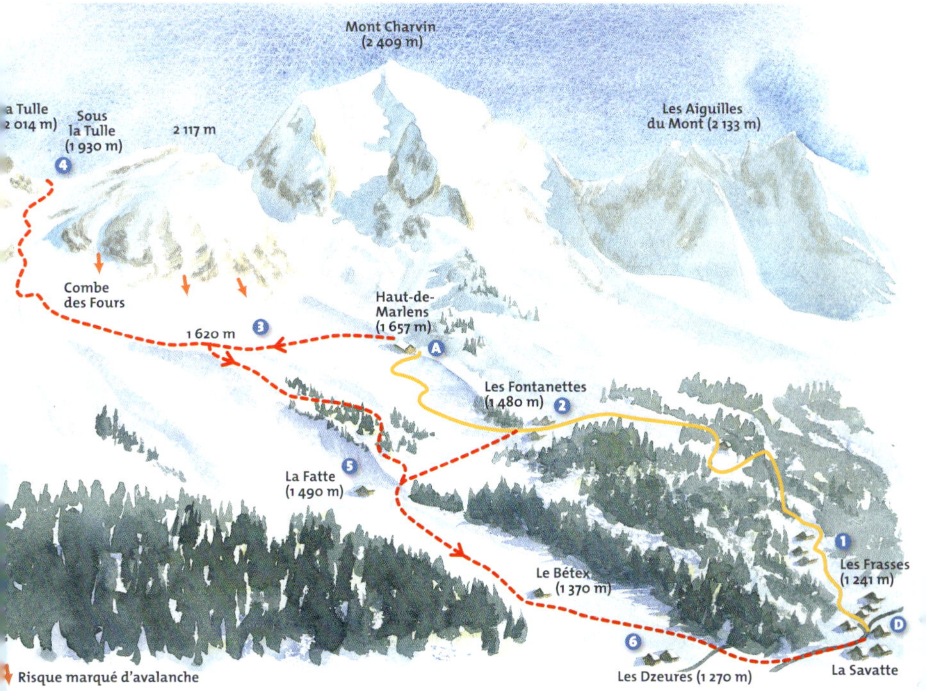

# CONTACTS UTILES

- **Secours:** 112 (portable)

- **Météo**
Haute-Savoie: 0899710274
Bulletin neige et avalanches: 0892681020,
www.meteofrance.com

- **État des routes:** www.inforoute74.fr

- **Offices de tourisme:**
www.savoie-mont-blanc.com

- **Savoie Mont-Blanc Réservation**
Tél.: 0450239600,
www.savoie-mont-blanc-reservation.com

## ORGANISMES ET ASSOCIATIONS

- **Centre de la Nature Montagnarde**
Château des Rubins
105, montée des Rubins
74700 Sallanches
Tél.: 0450583213
www.centrenaturemontagnarde.org
*Bibliothèque naturaliste, expo et nombreux outils interactifs.*

- **FFCAM**
24, avenue de Laumière
75019 Paris
Tél.: 0153728700,
www.ffcam.fr

- **Maison du Plateau des Glières**
Col des Glières,
74130 Thorens-Glières
Tél.: 0450224563,
www.haute-savoie-nordic.com

- **Maison du Patrimoine bornandin**
305, route de la Patinoire
74450 Le Grand-Bornand
Tél.: 0450027918,
www.patrimoine-bornandin.fr

- **Coopérative du Reblochon**
Route d'Annecy, 74230 Thônes
Tél.: 0450020560,
www.reblochon-thones.com

- **Musée du Pays de Thônes**
2, rue Blanche, 74230 Thônes
Tél.: 0450029776,
www.thones-valsulens.com

- **Randonnées sans frontières**
49, impasse du Longuet
74800 Amancy
Tél.: 0450258906

## BUREAUX DES GUIDES ET ACCOMPAGNATEURS

- **Sallanches**
S'adresser à l'OT (0450580425)
ou au 0628275865,
www.guides-sallanches.com

*Les Confins: sous la tête du Danay.*

- **Megève**
Tél. : 04 50 21 55 11,
www.guides-megeve.com
- **Saint-Gervais-Mont-Blanc**
Tél. : 04 50 47 76 55,
www.guides-mont-blanc.com
- **Guides des Cimes**
Tél. : 06 80 07 69 63 ou 06 80 48 21 14,
www.guides-des-cimes.com
- **Les Contamines**
Tél. : 04 50 47 10 08,
www.guides-contamines.com
- **Association internationale des Guides du Mont-Blanc**
Tél. : 04 50 53 27 05,
www.guides-du-montblanc.com

## PROFESSIONNELS

- **Bureau des guides et accompagnateurs de La Clusaz**
Tél. : 04 50 63 35 99
- **École de ski de fond-raquette La Clusaz**
Tél. : 04 50 02 47 43
- **Bureau des guides et accompagnateurs du Grand-Bornand**
Tél. : 06 85 42 81 95
- **École de ski de fond-raquette Le Grand-Bornand**
Tél. : 04 50 02 78 17
- **Bureau des guides et accompagnateurs de Thônes-Manigod (et Val Sulens)**
Tél. : 04 50 02 01 33

## REMONTÉES MÉCANIQUES

- **La Clusaz**
Tél. : 04 50 02 45 64
- **SATELC La Clusaz**
Tél. : 04 50 02 47 36
- **Le Grand-Bornand**
Tél. : 04 50 02 78 10

## TRANSPORTS EN COMMUN

- **Navettes Ski-Bus à La Clusaz ou Interstations Aravis**
Tél. : 04 50 02 69 53
- **Gare routière d'Annecy**
(rue de l'Industrie)
Tél. : 04 50 45 08 12
- **Gare routière de Cluses**
Tél. : 04 50 98 07 81
- **Voyages Crolard à Seynod.**
Tél. : 04 50 51 08 51,
www.voyages-crolard.com

## HÉBERGEMENTS

- **Gîte Chez Marquisins à Beffay (Sur-Cou)**
Tél. : 04 50 03 72 65 ou 06 85 82 37 40
- **La Fruitière de Solaison à Solaison (Andey)**
Tél. : 04 50 96 93 56
- **Le gîte du Passant à Malatrait (Bargy)**
Tél. : 04 50 98 64 09
- **Le gîte L'Outa au Reposoir**
Tél. : 04 50 18 47 20
- **Le Rommerot à Romme-sur-Cluses**
Tél. : 04 50 90 08 67
- **L'Auberge des Glières, plateau des Glières**
Tél. : 04 50 22 45 62
- **Le gîte Chez Merlin, plateau des Glières**
Tél. : 06 78 41 79 48
- **Chez Constance, le Café des Frêtes, plateau des Glières**
Tél. : 04 50 22 45 61
- **Le refuge de Spée, plateau des Glières**
Tél. 06 79 03 75 87
- **Le Pied Firmin à Manigod**
Tél. : 04 50 44 91 13
- **L'Auberge de Plan-Bois à Manigod**
Tél. : 04 50 44 40 83
- **Le gîte Aux Quatre Vents, col des Aravis**
Tél. : 04 50 02 41 14
- **Auberge de jeunesse à La Clusaz**
Tél. : 04 50 02 41 73
- **Gîte d'alpage Chez Marquisins à Bellajoux**
Tél. : 06 85 82 37 40

## LEXIQUE

**Arcosses, vernes :** arbustes de la famille des aulnes.
**Chalet :** toute forme d'habitat en moyenne montagne. Grange, ancienne ferme ou résidence secondaire.
**Chemin :** voie plus large que le simple sentier.
**Combe :** partie supérieure d'un vallon, souvent fermée vers le haut.
**Dévers :** lorsque la progression s'effectue en traversant une pente.
**Exposé :** exposition dangereuse, souvent en raison du vide.
**Piste :** chemin large, piste forestière.
**Rampe :** pente raide.
**Raquettiste :** utilisateur de raquettes à neige (préféré à « raquetteur », nettement péjoratif).
**Replat :** plate-forme, palier.
**Rive droite, rive gauche :** dans un vallon ou le long d'un cours d'eau, s'entend dans le sens de l'écoulement de l'eau (rive gauche : à droite en montant).
**Sentier :** se différencie du chemin par son étroitesse.
**Soutenue :** se dit d'une montée exigeant un effort plus intense.

Achevé d'imprimer en Espagne en octobre 2015 par Indice S.L.,
sur papier provenant de forêts gérées de manière durable.